菜豆绿色栽培技术
研究与实践

瞿云明　马瑞芳　叶勇淼　主编

中国农业科学技术出版社

图书在版编目(CIP)数据

菜豆绿色栽培技术研究与实践 / 瞿云明,马瑞芳,叶勇淼主编 . --北京:中国农业科学技术出版社,2022.12
ISBN 978-7-5116-6164-7

Ⅰ.①菜… Ⅱ.①瞿…②马…③叶… Ⅲ.①菜豆-蔬菜园艺-研究 Ⅳ.①S643.1

中国版本图书馆 CIP 数据核字(2022)第 248225 号

责任编辑　倪小勋　史咏竹
责任校对　贾若妍　李向荣
责任印制　姜义伟　王思文

出 版 者　中国农业科学技术出版社
　　　　　北京市中关村南大街 12 号　　邮编:100081
电　　话　(010)82105169(编辑室)　　(010)82109702(发行部)
　　　　　(010)82109709(读者服务部)
网　　址　https://castp.caas.cn
经 销 者　各地新华书店
印 刷 者　北京建宏印刷有限公司
开　　本　170 mm×240 mm　1/16
印　　张　12.25　彩插　4 面
字　　数　265 千字
版　　次　2022 年 12 月第 1 版　2022 年 12 月第 1 次印刷
定　　价　55.00 元

内容提要

　　菜豆是我国广大农村普遍栽培的作物，也是浙江省的重要豆类蔬菜。丽水市为浙江省内重要的菜豆生产地，但因连作年份的延长和受土地等制约轮作年限缩短，连作障碍发生较为严重；连作及土壤退化等因素派生的一系列问题，导致菜豆产量和种植面积减少，影响农民增收。本书主要从菜豆连作及土壤退化关键因子入手，较为系统地总结分析了有关试验研究成果，集成了以消减土传病害及改良土壤为主的菜豆绿色栽培技术。本书既有翔实的试验数据，又有一定的理论探讨，是一部较为系统地介绍菜豆绿色栽培技术的读本，具有实用性和先进性，可供菜豆种植者、农业生产管理者、科研人员等参考使用。

前　言

　　菜豆是世界上主要的荚果类作物之一，在我国栽培历史悠久，也是我国主要的豆类蔬菜和夏秋蔬菜淡季中主要的市场供应蔬菜品种，种植菜豆具有较好的经济效益和社会效益。

　　菜豆因适应性广，栽培容易，产量较高，深受生产者喜爱。但因连作及不合理施肥等，导致土壤次生盐渍化及酸化，连作障碍日益严重，甚至造成大量经济损失，已影响到农业增效、农民增收。

　　为此，浙江省丽水市莲都区农业技术推广中心联合丽水市农林科学研究院、龙泉市经济作物站等单位的农业技术推广及研究人员，在丽水市科技局、丽水市莲都区科技局、丽水市莲都区农业农村局、浙江省农业技术推广中心等单位的支持下，于2011年始，以菜豆绿色栽培技术为理念，针对性地开展了"C_4作物改良蔬菜土壤次生盐渍化技术研究与应用""山地蔬菜土壤次生盐渍化改良技术研究与应用""山地豆类蔬菜肥药减施增效技术示范""莲都区蔬菜产业提质增效集成技术与示范推广""氰氨化钙改良酸化土壤技术研究与应用""山地豆类蔬菜化肥减量增效关键技术研究与应用示范"等课题的技术研究，提出技术较为先进、方法简单、效果好、适用性强的"菜豆绿色栽培关键技术"，并在丽水市推广应用，取得了明显成效。

　　为了更好地服务"三农"，促进菜豆产业的可持续发展，丽水市莲都区农业技术推广中心组织相关专业技术人员，以科技项目的试验研究成果为基础，编著了《菜豆绿色栽培技术研究与实践》。全书总结分析了科技项目的试验研究成果，集成了菜豆绿色栽培关键技术。本书既有翔实的试验数据，又有一定的理论探讨，是一部较为系统地介绍菜豆绿色栽培技术的读本，具有实用性和先进性，可供菜豆种植者、农业生产管理者、科研人员等参考使用。

本书编著得到了丽水市莲都区农业农村局、丽水市莲都区市场监督管理局等单位的鼎力支持，在出版过程中也得到中国农业科学技术出版社的大力支持和帮助，在此表示衷心的感谢！

然，因编著任务之繁重，要求之细致；虽，竭尽全力、日以继夜；只以编著者水平之限，书中难免有不妥和疏漏之处，敬请各位专家和读者斧正。

《菜豆绿色栽培技术研究与实践》编写组

目 录

第一章 菜豆生产及其绿色栽培理论基础 ………………………… （1）

第一节 菜豆生产概况 ……………………………………… （1）

第二节 菜豆的特征特性、生长发育周期与环境条件 ………… （9）

第三节 菜豆绿色栽培相关理论基础 ……………………… （17）

第二章 菜豆绿色栽培研究背景 ………………………………… （23）

第一节 丽水菜豆生产概况 ………………………………… （23）

第二节 菜豆绿色栽培主要障碍因子 ……………………… （28）

第三章 菜豆绿色栽培技术研究 ………………………………… （57）

第一节 土壤环境改良技术研究 …………………………… （57）

第二节 病虫害绿色防控技术研究 ………………………… （93）

第三节 菜豆生产栽培模式创新与应用 …………………… （112）

第四节 菜豆新品种引选 …………………………………… （126）

第四章 菜豆绿色栽培技术实践与成效 ………………………… （144）

第一节 菜豆绿色栽培关键技术集成 ……………………… （144）

第二节 研究成果评价、应用、获奖情况 ………………… （154）

第五章 菜豆绿色栽培技术的展望及思考 ……………………… （162）

第一节 菜豆绿色栽培技术的展望 ………………………… （162）

第二节 菜豆绿色栽培技术的思考 ………………………… （163）

参考文献 ………………………………………………………（165）

附 录 ………………………………………………………（175）
　　附录1　菜豆绿色栽培技术规程 ……………………………（175）
　　附录2　菜豆化肥农药减施栽培技术规程 …………………（182）

第一章　菜豆生产及其绿色栽培理论基础

第一节　菜豆生产概况

一、植物学上菜豆的地位及分类

（一）植物学地位

菜豆属包含 80 多个物种，多数为野生种，仅有 5 个栽培种，分别为普通菜豆（*Phaseolus vulgaris* L.）、多花菜豆（*P. cocineus* L.）、利马豆（*P. lunatus* L.）、丛林菜豆（*P. dumosus* L.）和宽叶菜豆（*P. acutifolius* L.）[1]，其中普通菜豆尤为常见，是世界上重要的栽培作物之一，很多国家都有一定的种植面积，在我国种植也较为普遍[2]。

普通菜豆常简称为菜豆[3]，别名芸豆、四季豆[4]、玉豆[5]、棒豆、架豆[6]、清明豆、眉豆、芸扁豆、四月豆[7]、饭豆[8]等。属被子植物门（Angiospermae）双子叶植物纲（Dicotyledoneae）原始花被亚纲（Archichlamydeae）蔷薇目（Rosales）蔷薇亚目（Rosineae）豆科（Leguminosae）蝶形花亚科（Papilionideae）菜豆族（Phaseoleae）菜豆属（*Phaseolus*）。

（二）菜豆分类

有关菜豆的分类，不同的学者有不同的分类方式。有依据种质遗传结构分类的，根据栽培型菜豆的形态学特征及农业生态学适应性特性，将菜豆的两个基因库（中美基因库、安第斯基因库）进一步划分为多个种族。各种族种质在农艺性状、生理生化和分子方面具有明显特异性差别，同时各种族间的差异还表现在同工酶或分子标记基因座基因频率的不同上。1991年，Singh等通过形态学标记对两个基因库栽培菜豆进行研究，认为两个基因库内菜豆分化为6个种族，分别是中美基因库的杜兰戈种族（Durango）、哈利斯科种族（Jalisco）和中美洲种族（Mesoamerica），以及安第斯基因库的智利种族（Chile）、新格拉纳达种族（Nueva Granada）和秘鲁种族（Peru），这6个种族在叶片形状、花苞片形状、荚喙的位置及籽粒性状上存在差异。而后Beebe等在分子水平上对菜豆基因库内种族进一步进行研究，结果表明两个基因库种质可划分为7个种族，中美基因库包含4个种族：杜兰戈（D）、哈利斯科（J）、中美洲（M）、危地马拉（G）；安第斯基因库包含3个种族：智利（C）、新格拉纳达（N）、秘鲁（P）。该研究结果在Singh等研究基础上增加了危地马拉种族[9]。菜豆依据纤维化程度和用途进行分类，分为软荚型（菜用菜豆）和硬荚型（粮用菜豆）[10]。与栽培关系密切的、较为适用的植物学分类，主要是依据菜豆茎蔓生长习性分为蔓生种、矮生种和半蔓生种[11]。

1. 蔓生种

株蔓较长，需要搭架栽培，为无性生长类型，能陆续开花结实，成熟期较迟，有较长的采收期，产量较高。如丽芸2号、丽芸3号、浙芸5号、浙芸9号、红花青荚、宁波白粒四季豆、杭州花白四季豆、绍兴白粒四季豆等。

2. 矮生种

植株矮生而直立，栽培时不需要搭架，为有限生长类型，开花较早，生育期较短，收获期集中，产量较低，较耐低温，适合于早熟保护地栽培。如优胜者、供给者、绍兴矮蓬四季豆等。

3. 半蔓生种

介于蔓生种与矮生种之间的中间类型。如早白羊角豆[12]。

二、菜豆起源、驯化与传播

(一) 菜豆起源

菜豆起源驯化于美洲，考古资料、植物学资料、历史资料以及语言学资料等多方面证据均支持这一观点[9]。苏联著名植物育种学家、遗传学家瓦维洛夫在 20 世纪 30 年代就研究指出，主要的栽培植物有 8 个独立的世界起源地，菜豆起源于其中第七个起源中心即南美洲和中美洲（包括安的列斯群岛），南美洲（含秘鲁—厄瓜多尔—玻利维亚）的第八个起源中心则是菜豆的次生中心[13]。最早研究结果表明菜豆可追溯到 8 000 ~ 10 000 年前，最早发现是在安第斯山脉，而中美洲菜豆残存物发现在距今大约 6 000 年前[14]。

随着现代生物技术的不断发展，人们利用形态学标记、生化标记、分子标记等对野生型菜豆的起源进行研究，大多数研究结果认为野生菜豆起源于两个具有明显遗传差异和地理隔离的基因库：中美基因库（The Mesoamerican genepool）和安第斯基因库（The Andean genepool）。两个独立的野生菜豆基因库的地理位置已被明确：中美基因库包括墨西哥、危地马拉、巴拿马、洪都拉斯、尼加拉瓜、哥斯达黎加以及哥伦比亚北部等区域；安第斯基因库包括哥伦比亚南部、秘鲁、玻利维亚和阿根廷等区域[9]。后来，有学者利用基因重测序技术对菜豆的起源进行了深入研究，进一步提出了菜豆安第斯基因库野生群体是由距今 165 000 年前的中美基因库祖先群体分化而来的，随后两个野生群体独立地平行驯化，形成现在的两个差异明显的菜豆基因库。

(二) 菜豆驯化

一般来说栽培作物都是从野生植物经人类栽培、驯化演变而来的，每种作物都有自己的祖先[15]。菜豆也是如此，从野生植物经过人类不断选择、驯化、利用、演化而成为具有经济价值的栽培植物，历经几千年的时间。大多数研究者认为菜豆的驯化发生在距今约 8 000 年前[9]。早在公元前 7 000—前 5 500 年的印费尔尼罗（Infiernillo）文化阶段，在今墨西哥东部滨海的塔毛利帕斯州，印第安人先民就开始驯化和种植南瓜和葫芦，并采集食用红花菜豆和辣椒[16]，从而开始了逐步驯化菜豆的进程。野生菜豆首先在两个独立的基因库内部发生平行驯化并形成现在的中美基因库和安第斯基因库，然后在传播到世界各地区的过程中发生了时间和空间上的多元驯化。驯化导致形态特征发生了改变，表现在籽粒和叶子的增大、生长习性和光周期反应的变化及籽粒颜色和种皮斑纹的变异等方面[9]。从这两大基因库驯化培育出来的栽培种后来传遍了全世界[17]。

（三）菜豆传播

在哥伦布发现美洲之前，菜豆只是在美洲地区进行传播[9]，遍及今美国南部、墨西哥、中美洲和南美洲北部，成为与玉米、南瓜并列的重要的"三大姊妹"作物[18]。在今美国西南部扎根后，继续向美国东部扩展。考古上的实物证据链证明，到13世纪时菜豆已较快传遍了美国东部林地及北部地区，成为从伊利诺伊斯河谷到新英格兰南部正常生长的普通庄稼[18]。15世纪哥伦布发现美洲新大陆后，菜豆陆续传入欧洲、非洲及世界其他地区[9]。中国于15世纪从美洲引进菜豆，已有500多年的栽培历史[19]，而日本的菜豆是由中国的隐元禅师渡日弘法，于1654年从中国福建传入，日本从此有了菜豆栽培[20]。

关于菜豆在中国的传播历史相关研究近乎空白。最早有菜豆确切记载的中国文献是四川什邡县（今什邡市）张宗法著的《三农纪》中记载了1760年左右成都平原和川西平原已普遍栽培食用菜豆，但菜豆是否首先在四川省进行引种驯化还无法确定[18]。张赤红通过对中国12个省份的菜豆种质资源遗传多样性进行比较分析，初步推断15世纪菜豆由美洲引入时，可能首先在云贵高原引种驯化，然后向东北传播，初步推测贵州省、云南省可能是菜豆的次级起源中心[21]。

三、菜豆分布和生产现状

（一）全球菜豆分布和生产

菜豆比较适合冷凉气候[22]，抗病性强，耐旱、耐瘠，适应性很广[23]，在温带、亚热带和海拔 800~2 000 m 的热带地区都有栽培[24]，全球种植菜豆的国家至少有 115 个。菜豆是世界上栽培面积仅次于大豆的食用豆类作物[25]，主要分布于亚洲、美洲、非洲东部、欧洲西部及东南部，在中国种植也极其广泛。其中普通菜豆在世界范围内种植范围最广、栽培面积最大、食用人群最多[1]。

据联合国粮食及农业组织统计，2017 年全球菜豆播种面积约 $3.65 \times 10^7 \ hm^2$，总产量超过 $3.14 \times 10^7 \ t$[26]。主要生产国有亚洲的印度、缅甸、中国、黎巴嫩、印度尼西亚，美洲的巴西、墨西哥、美国、阿根廷、危地马拉，非洲的肯尼亚、坦桑尼亚、乌干达、卢旺达、布隆迪。其中亚洲的种植面积最广、产量最高，分别为 $2.14 \times 10^7 \ hm^2$ 和 $1.55 \times 10^7 \ t$，分别占世界种植面积和产量的 58.69% 和 49.35%；其次是非洲，种植面积是 $7.27 \times 10^6 \ hm^2$，产量是 $6.85 \times 10^6 \ t$。在所有种植普通菜豆的国家中，印度的种植面积最大，2017 年达到 $1.54 \times 10^7 \ hm^2$，占全球总播种面积的 42.31%，总产量是 $6.39 \times 10^6 \ t$，占全球总产量的 20.35%，其次是缅甸、巴西、美国、中国、墨西哥、坦桑尼亚、肯尼亚等国家，其中美国的平均单产最高，为 $1\ 996.14 \ kg/hm^2$[27]。

全世界种植菜用菜豆的国家约有 90 个，种植面积 $6.82 \times 10^5 \ hm^2$，总产量 $4.7 \times 10^6 \ t$，平均产量 $6\ 902 \ kg/hm^2$。全世界菜用菜豆种植面积最大是亚洲，其次是欧洲，再次是美洲，最后是非洲。亚洲以印度、中国、土耳其、以色列、泰国种植面积较大；欧洲是意大利、马其顿、西班牙、法国；美洲是美国、苏里南；非洲是埃及。亚洲菜用菜豆的总产量也最高，其次是欧洲，但欧洲的单位面积平均产量最高。世界上菜用菜豆种植面积大的国家依次为印度、中国、土耳其、印度尼西亚、美国。总产量从高到低依次为中国、土耳其、印度、西班牙、埃及；平均单产从高到低依次为科威特、奥地利、波兰、苏里南、秘鲁。

粮用菜豆种植面积最大的也是亚洲，总产量也最高，但单位面积产量却以欧洲、中美洲和北美洲较高。种植面积大的国家依次为印度、巴西、缅甸、墨西哥、中国，总产量也最高。单产高的国家依次为爱尔兰、荷兰、利比亚、摩尔多瓦、埃及。

（二）中国菜豆分布和生产

菜豆在中国栽培历史较久，但我国有关菜豆的记载不多，确凿完备的关于菜豆的最早记载为乾隆廿五年（1760 年）张宗法所著的《三农纪》："时季豆，乃菽属也。叶似绿豆而色淡，嫩可茹食。花白如粉蝶状。结角长二三寸，如蛾眉豆而小。肌肤滑润。自根至梢繁衍生角。其色淡碧，子鲜红色，亦有白者。每角中或三五粒早（熟）于诸豆。可种两季，故名二季豆；又名碧豆，云其色也。有种秋食者，临秋方茂。"[28] 张宗法既记下了菜豆的名称、性状、特点、用途、归类，还总结提炼了栽培方法："三月下种，五月采收，熟子复种，七月采。有晚种者，三月下种。喜肥润土，不宜深穴厚盖。苗生频浇。插竹木引蔓。秋结实，与豆同。"[29] 菜豆作为一年生蝶形花亚科的缠绕藤本或直立草本植物，对土壤适应性强，一般只要排水良好，结构疏松的土地均可栽植。其适应性很广，产量较高，既可鲜食又可加工成干制品或腌制品等。

我国菜豆主要分布于云南、贵州、陕西、山西、湖北、黑龙江和内蒙古①等省（区）[30]，并形成了东北、华北、新疆②、西南 4 个主要产区，其中粮用菜豆主要分布于黑龙江西北部、云南大部、贵州大部、四川凉山③、陕西北部、山西北部、新疆北部、内蒙古凉城等地区，产品以出口为主；菜用菜豆分布则更为广泛，主要分布于东北、华北和西南地区，产品以国内消费为主，主要消费区域在沿江、沿海区域以及黑龙江一带。据联合国粮食及农业组织 2017 年统计，我国菜豆年种植面积约 8.07×10^5 hm²，年产量为 1.33×10^6 t[27]，其中粮用菜豆年种植面积约 3×10^5 hm²，年产量超过 4×10^5 t[31]。2019 年我国菜用菜豆年种植面积 7.41×10^5 hm²[32]。菜豆成为我国农村地区普遍栽培的作物。

---

① 内蒙古自治区，全书简称内蒙古。
② 新疆维吾尔自治区，全书简称新疆。
③ 凉山彝族自治州，全书简称凉山。

四、菜豆栽培价值

（一）营养和药用价值

菜豆具有高蛋白、低脂肪的特点[27]，并富含有利健康的钙、铁、磷、钾、镁等矿物质以及维生素 A 和 B 族维生素等。作为菜用的嫩荚，据检测每 100 g 中含热量 32 kcal①，蛋白质 1.9 g，脂肪 0.3 g，碳水化合物 5.3 g，维生素 A 100 μg，维生素 B_1 0.04 mg，维生素 B_2 0.07 mg，维生素 C 6 mg，维生素 E 0.2 mg，维生素 K 60 μg，胡萝卜素 0.6 mg，叶酸 50 μg，泛酸 0.17 mg，烟酸 0.7 mg，钙 53 mg，磷 46 mg，铁 1.2 mg，钾 178 mg，钠 0.6 mg，镁 34 mg，粗纤维 1.9 g[33]。作为粮用的干籽粒，据检测每 100 g 中含蛋白质 20~30 g，是小麦蛋白质含量的 2 倍，玉米的 4 倍；脂肪 1.7 g，是大豆含量的 5%，玉米含量的 20%，小麦含量的 50%；钙 136 mg，铁 9.4 mg，钾 1 406 mg；叶酸 394 mg，是小麦含量的 9 倍，玉米含量的 16 倍；烟酸 2.7 mg；此外，含人体所必需的 8 种氨基酸。番茄是人们认为营养价值高的蔬菜之一，但是与番茄比较，菜豆的蛋白质和热量是番茄的 2.1 倍，碳水化合物是番茄的 1.5 倍，磷是番茄的 1.9 倍，钙是番茄的 5.3 倍，胡萝卜素是番茄的 1.6 倍，粗纤维是番茄的 3.8 倍，其他养分与番茄不相上下，可以说菜豆也是营养价值高的食材，是"豆中之上品"。

菜豆作为一种豆类蔬菜，因其豆荚肥厚、色泽嫩绿、极富营养价值且质地脆软、味道鲜美而深受广大消费者喜爱。菜豆提供易于消化吸收的优质蛋白质，适量的碳水化合物及多种维生素、微量元素等，可补充人们机体的营养成分，具有较高营养价值。另外，据中国古医资料记载，菜豆是一种滋补食疗佳品，性温，味甘平，具有止呃逆、利肠胃、温中下气、益肾补元气等功用[34]。菜豆所含的 B 族维生素能维持正常的消化腺分泌和胃肠道蠕动的功能，抑制胆碱酯酶活性，可帮助消化，增进食欲。所含的维生素 C 能促进抗体的合成，提高机体抗病毒的能力[35]。菜豆中含有 2 种具有生物活性的蛋白质，即菜豆 α-淀粉酶抑制剂和菜豆凝集素。α-淀

---

① 1 cal≈4.19 J，1 kcal≈4.19 kJ。

粉酶抑制剂阻止淀粉消化、减少糖的吸收，降低脂肪的合成和贮藏；菜豆凝集素通过调节产生厌食激素降低食欲，从而降低脂肪的吸收。菜豆中的β-谷甾醇、菜油甾醇和酰基化甾醇糖苷、甾醇糖苷等植物固醇，具有降脂、减缓脂肪生成和促进甘油三酯的代谢功能。菜豆中的皂苷具有降低胆固醇、抗真菌和抗细菌作用，而对人体具有保护作用，能够抑制癌细胞生长。菜豆中的植酸具有抗癌作用、抗氧化作用和抗钙化作用（预防形成肾结石），在人体内水解产物为肌醇和磷脂，前者具有抗衰老作用，后者是人体细胞的重要组成部分。菜豆中类黄酮类多酚抗氧化剂种类丰富，含有槲皮素、山茶酚、儿茶酚、表儿茶酚、原花色素等类黄酮类物质，具有很强的抗氧化作用、抗癌和抗突变作用[36]。菜豆含有多种微量元素，能够使骨髓等造血组织增强造血功能，提高造血能力。

总之，菜豆是一种营养全面的蔬菜[36]，一种滋补食疗佳品。菜豆还含有尿毒酶、皂苷和多种球蛋白等独特成分，能提高人体自身的免疫能力，增强抗病能力，促进脱氧核糖核酸合成等功能，因而受到医学界的重视。菜豆中的皂苷类物质能促进脂肪代谢，是理想的减肥食品之一[37]。因此，菜豆不仅营养价值高，而且具有一定的药用价值，是颇具开发价值的豆类蔬菜。

（二）经济价值

菜豆是一种古老的豆类作物，起源、驯化于美洲，后逐渐传播到世界各地。早期人们把菜豆作为粮食，却不知其豆荚也是一种鲜美的蔬菜。随着食物来源的丰富而成为蔬菜食用，其经济价值不断提高。如今，菜豆既是粮食作物，又是蔬菜作物，还是饲料和绿肥作物。菜豆的籽粒含蛋白质20%~26%，因此它是发展中国家，特别是非洲和拉丁美洲国家的重要粮食作物和蛋白质营养来源。菜豆的嫩荚、嫩豆粒均可作蔬菜食用。有些国家还将嫩荚加工制罐和速冻。

菜豆栽培较容易，种植上不需要烦琐的整枝、绑蔓、点花等技术，生产成本相对较低。嫩荚和籽粒均为菜豆可供食用的部位，非洲和拉丁美洲国家主要栽培以食用籽粒为主的菜豆，而亚洲地区主要栽培以食用嫩荚为主的菜豆。世界许多国家都把菜豆的鲜荚作为重要的蔬菜品种之一。菜豆也是中国夏秋蔬菜淡季最主要的市场供应蔬菜品种之一，对克服夏秋淡季、平抑市场供应有着重要作用，其经济效益和社会效益十分显著。

菜豆春、秋季皆可种植，每茬一般 3 个月左右，农民收入 5 000～7 000元/667 m²，高的超过 12 000元/667 m²，是一种种植效益可观的农作物。

（三）生态价值

菜豆为深根系的豆科植物，有强大的主根和侧根，其根系上有共生的根瘤菌，根瘤菌在根瘤中能固定空气中的氮，为菜豆生长提供部分氮素，从而减少化肥的使用。菜豆作为一种固氮能力较强的豆科植物，每年可固氮 45～90 kg/hm²[38]。同时，菜豆所固定的氮素随残株、残根大量存留在土壤中；其秸秆还可还田，增加土壤有机质，提高土壤肥力，实现生产的可持续发展。

第二节　菜豆的特征特性、生长发育周期与环境条件

一、菜豆的特征特性

（一）根

菜豆属于直根系植物，根系发达，分布范围广，吸收力强，主根深达 80 cm 以上，侧根水平分布直径达 60～80 cm，80%的主要根群分布于 10～30 cm 的土层内。但主根不明显，部分侧根同主根同样伸长，侧根的再生能力弱，为此，菜豆栽培多采用直播。菜豆根系上共生根瘤，但主要着生于主根和较粗的侧根上，固氮能力较强。一般出苗后 10 d 左右开始形成根瘤，在开花、结荚初期是根瘤形成高峰期。根瘤中的根瘤菌能固定空气和土壤中游离的氮元素，供菜豆生长利用。据研究，菜豆的根瘤菌固氮能力弱于大豆，因此，在菜豆苗期和结荚盛期要适当追施氮肥。

（二）茎

菜豆茎为草质茎，表面光滑或被有短柔毛，有棱，横切面近圆形或不规则形。按颜色分常见有绿色、浅红色、紫红色 3 种。按生长习性可分为蔓生、矮生及半蔓生 3 种类型。蔓生菜豆为无限生长型，主茎长 2~4 m，生长势强，一般第三至第四节产生旋蔓，需支架栽培和适当引蔓上架。矮生菜豆为有限生长型，不需支架栽培，可直立生长，节间短，特别是基部的节间只有 2~3 cm，上部稍长，自 5~8 节后，主顶芽分化为花芽，不再继续伸长，并在主蔓各节的叶腋发生分枝，各侧枝生长数节后，生长点也分化为花芽，停止生长；矮生菜豆采收时期短，上市集中。半蔓生菜豆蔓长 1~2 m 时，其生长点分化为花芽而封顶，也需要支架栽培。

（三）叶

菜豆播种后 5~7 d 子叶出土，子叶是贮藏营养物质的器官，起着供给幼苗养分的重要作用，子叶养分耗尽后便自然干枯脱落。其长出的第一对真叶为单叶，对生，多呈卵圆形，大小因品种而异。以后长出的叶多为三出羽状复叶，也有少数品种呈五出羽状复叶，互生，具长叶柄，叶柄基部着生 1 对托叶，小叶心脏形或卵形，全缘，前端尖，小叶叶柄很短，叶面粗糙，叶背叶脉清楚，两面叶脉处和叶柄有绒毛。不同品种叶色有所不同，常见有深绿、绿色、浅绿。菜豆的叶片具有自动调节受光面的功能，能提高光合作用的效率。

（四）花

菜豆的花为两性完全花，呈典型的蝶形花构造，着生于短花梗上。常在早晨 5:00 以后开放，上午 9:00—10:00 闭花[39]。花由苞片、花萼、花冠、雄蕊、雌蕊组成，花长 1.0~1.5 cm。总状花序比叶短，每个花序通常 2~8 朵，生于花序顶部的花，最多的可达 10 余朵，腋生，蝶形花。苞片卵形，有数条隆起的脉，约与花萼等长或稍长，宿存；花萼上有皱纹，呈浅绿色、绿色或紫绿色，基部呈筒状，长 3~4 mm，上方的 2 枚裂片连合成一微凹的裂片。花冠由 5 瓣组成，最上部为旗瓣，宽 9~12 mm，近方形；左右两边是翼瓣，长约 1 cm，倒卵形，在中央下部的两片是龙骨瓣，呈螺旋状弯曲。花色因品种不同，可分为白色、乳黄色、紫色、浅红色等。翼瓣、龙骨瓣先端旋卷。雄蕊 10 枚，其中 9 枚基部合生成筒状，另一枚单生，为二体雄蕊；雌蕊 1 枚，位于雄蕊的中间，包括柱头、花柱和子房三部分；雌蕊尖端弯曲呈环状，柱头斜生，其上密生茸毛，雌蕊在开花前 3 d 已有受精能力，而在开花前 1 d 受精的结荚率最高。雌蕊和雄蕊都被包裹在龙骨瓣内，而且雄蕊先熟，故常行自花授粉，只有 0.2%～10% 的自然杂交率[40]。子房一室，上位，无柄，花柱细长，顶端变曲，柱头珠形有尖缘，密生茸毛，内有 5～12 个胚珠。

菜豆植株上第一花序着生的节位，因品种熟性的早晚不同而有差异。一般早熟品种出现第一花序的节位低，即在 4～8 节开始出现花序，晚熟品种则在 8 节以上[41]。以后隔 1 节或每节均可着花，分枝上从第二节开始着花。矮生菜豆花期短，但始花期早，开花顺序不规则，多数品种植株顶部的花先开，中下部的花后开。蔓生菜豆花期较长，但始花期较迟，开花顺序较有规则，一般都是由下向上地陆续开花。着生节位还与栽培环境有关，如春播菜豆花芽分化早，着花节位低；秋播菜豆温度高，花芽分化晚，着花节位就高。

（五）荚　果

菜豆的果实即荚为荚果，棍形或扁圆形，断面为圆形或椭圆形。荚长8～25 cm，宽 0.7～1.5 cm，有全直的和弯曲的。荚的表皮上密生软毛，嫩荚一般为绿色，有的为浅绿色、白色、紫红色、黄色，老熟时，荚上带有紫色、紫红色、红色或浅红色、乳黄色等各种颜色的斑纹。开花后 5～10 d 豆荚显著伸长，15 d 基本长好，可采收嫩荚食用。矮生种一株可采收嫩荚 20～50 个，蔓生种一株可采收嫩荚 30～150 个。生产上主要种植绿荚、浅绿荚和白荚的品种，市场销路好，以选用背腹线不发达和荚条不易老化的品种为好。

（六）种　子

菜豆种子于花后 25～30 d 完成发育。种子由种皮、子叶、胚组成，无胚乳或胚乳极不发达。种子形状有扁圆、长圆、卵圆、圆球、弯弓等。种皮是种子脱离荚果后能覆盖种子的保护组织，表面通常比较光滑且薄，其皮色分为红、黄、白、褐、黑及花斑纹色品种，常以白籽、黑籽、褐籽较多。菜豆种子侧面有明显的白色种脐，有些品种具有各色脐环。成熟种子有 2 片肥厚的子叶，是贮藏营养的器官，可提供种子萌发生长过程中对营养的需要。子叶容易受到虫害等损伤，不仅影响种子萌发过程中的营养供应，还常导致病害的侵染。胚主要由胚芽、下胚轴和胚根 3 部分组成。胚芽可发育成植株的地上部分；下胚轴是根与茎之间的区域，种子萌发时首先是下胚轴伸长，并将子叶推出土面，同时将根系吸收的养分输送到地上部分；胚根发育成主根，形成整个根系。种子大小差异很大，千粒重常为 300~800 g，但有的小粒种子千粒重仅 150 g。豆荚内的种子数因品种和着荚的位置而异，一般蔓生菜豆比矮生菜豆内的种子数量多。同一品种下部的结荚种子数量多于上部。一般发育正常、充分长大的豆荚内有种子 4~9 粒，多者可达 10 粒，甚至更多。种子的颜色、形状及花纹常和荚果的品质、熟期等性状有密切关系。菜豆种子常可存放 2~3 年，时间过长，发芽率会降低。

二、菜豆的生长发育周期

不同生长习性的菜豆其生长发育周期有一些差异，但总体上生长发育周期包括发芽期、幼苗期、抽蔓期和开花结荚期。

（一）发芽期

自种子吸水萌发至第一对真叶展开的时期为菜豆的发芽期，发芽期的长短主要因播种后的温度而异，温度适宜时 10~14 d；温度低则时间延长。一般而言，春季露地播种为 12~15 d，夏秋季露地播种为 7~9 d，温室播种为 10~12 d。种子在适宜的条件下，吸足水分后 12 h 左右开始萌发，2~3 d 可长出幼根，5 d 左右子叶露出地表，至 9 d 展出一对初生叶，至 12 d 初生叶长至最大。

菜豆发芽期是由异养向自养过渡的阶段，初生叶未出现之前，主要由贮藏在子叶中的养分供给胚各器官生长所需要的物质，若子叶受损或发芽期过长而子叶早枯，菜豆的初期生长则会受到抑制。第一对基生叶出现并展开时，幼苗所需的养分开始由初生叶的光合作用来供给。初生叶是菜豆开始独立生长的重要同化器官，若受损则幼苗生长缓慢，植株生长势弱。该时期若遇阴雨天气或畦内湿度过高，易造成烂种，栽培上维持适宜的温度和良好的通气条件，保证适宜的水分是关键。

（二）幼苗期

蔓生菜豆从初生叶展开到抽蔓前为幼苗期，此期长 20~25 d。矮生菜豆则为初生叶展开到第五片复叶展开时为幼苗期，此期长 10~20 d。该时期茎直立，节间短，根系逐渐展开。

幼苗期的生长以营养生长为主，此时初生叶已能进行光合作用，并对幼苗生长和初期根群的形成起重要作用。初生叶残损的幼苗生长缓慢，长势较弱。此时期根茎开始木栓化，根瘤也开始出现。

幼苗期主要进行根、茎、叶的生长，营养体不断扩大，同时花芽开始分化。矮生菜豆于播种后 20~25 d，在初生叶的叶腋处开始花芽分化，以后各节都可以分化花芽，并随着植株叶面积的扩大，花芽分化的速度加快，主、侧枝的花芽短时间内即可分化完毕。蔓生菜豆常因植株营养生长旺盛，花芽发育缓慢，而导致基部的花芽不能充分发育成花，第四至第五片复叶后的花芽才能正常开花结荚。苗期温度、光照和营养条件适合时，花芽分化可提早进行，着花数也较多。

该时期的菜豆已进入独立生长期，要求营养充足，温度、水分和日照要适宜，才能长成壮苗。生产中，应注意控制浇水，及时松土，提高地温，促进根系生长并锻炼幼苗，防止徒长或沤根；同时调节温度，促进花芽分化。设施栽培中，因菜豆幼苗对日照长短不敏感，在使用不透明覆盖物时，要以有利于调节适宜温度为主。并结合植株生长势适时早施追肥，尤其是氮肥，以利于促进幼苗的生长和花芽分化。

（三）抽蔓期

抽蔓期营养生长和生殖生长同时进行，但以营养生长为主。矮生菜豆从植株具有 4~5 片复叶到开花前为抽蔓期，大约 10 d；蔓生菜豆则从开始抽蔓到开花前，大约 15 d。初花为抽蔓期结束的标志。该时期根系迅速扩展，根群基本形成，并着生大量根瘤，节数和叶面积迅速增加，其营养生长速度在初花期达到最大。蔓生菜豆主茎上表现节间开始伸长，逐步形成长蔓，并开始缠绕生长，株高也达到全生育期的一半。矮生菜豆发生大量侧枝，株高达到最大，株丛基本形成。该时期也是菜豆花芽分化的重要时期，正常开放的花绝大多数在此时期完成分化。

栽培生产中，应加强肥水管理，改善温光条件，促使植株壮大，并增加花芽数。因菜豆的根瘤固氮能力较弱，需适当追施氮肥和钾肥，以促进植株生长，但也要防止因肥水过多而营养生长过旺，造成后期开花结荚推迟、落花落荚现象。蔓生菜豆生产上要及时搭架引蔓，防止田间郁闭造成植株生长不良。

（四）开花结荚期

从菜豆开始开花至结荚终止或种子发育成熟为止。该时期的长短因品种类型和栽培条件而异，春播矮生菜豆播后 40 d 左右开始开花，开花结荚期为 30 d 左右；蔓生菜豆播后 50 d 左右开始开花，开花结荚期 50 d 左右，少数品种达到 80 d。从开花到嫩荚采收大约 15 d。

该时期开花结荚和茎叶生长同时进行，茎叶生长与开花结荚之间、花与花之间均存在养分竞争，并对环境条件反应敏感。

矮生菜豆开花早且开花顺序无规律，多数品种的主茎和侧枝下部的花同时早开，后逐渐向上开放；也有部分品种由植株顶部逐渐向下部开花；少数品种茎顶部的花先开，后再从茎下部向上部逐渐开放。蔓生菜豆主茎和侧枝都是由下向上陆续开花。

蔓生菜豆的开花结荚期根据生长进度，常可细分为初期、中期和后期。

初期：从开花到第一花序坐荚为止。此时期营养生长很旺盛，如养分不够充足，易出现落花。生产中应适当控水，以促进坐荚。

中期：从第一花序坐荚到进入盛花期。此时期营养生长趋于平缓，并达到最大值。此时期花与花、花与荚和荚与荚之间的养分竞争非常明显，同时对环境条件反应敏感，容易出现落花落荚。生产中应注意加强肥水管理，改善条件，并注意防治病虫害，以防植株早衰，减少落花落荚。

后期：从开花结荚数量明显下降到采收结束。此时期茎叶生长极其缓慢，开花结荚数量极少，应加强肥水管理，采取增加肥水和根外追肥等措施，促进侧枝的第二次发生，延迟采收期，增加产量。

三、菜豆生长发育对环境条件的要求

（一）温　度

菜豆喜温，不耐低温和霜冻，整个生育期需要在无霜的条件下生长，不同类型的品种耐低温有所差别，矮生品种耐低温能力强于半蔓生和蔓生品种。植株生长的适宜温度为20 ℃左右，最适温度为18~20 ℃。如在生长过程中温度低于15 ℃或高于30 ℃时，植株生长缓慢甚至停止，会出现生长发育不良，易落花落荚。短期的2~3 ℃低温会使叶片暂时失绿变黄，但温度回升到15 ℃经过2~3 d可恢复正常；0 ℃时植株生长停止，-1 ℃发生冻害；生长极限最低地温为13 ℃。

从各生育时期来看，菜豆种子发芽适宜温度为20~30 ℃，最低为10 ℃左右，40 ℃以上不能正常发芽。幼苗对温度的适应性较强，但对温度变化敏感。幼苗生长的适宜温度为白天20~25 ℃，夜间15~18 ℃；最低地温要求不低于13 ℃，低于13 ℃的根系少且短，不长根瘤。抽蔓期适宜温度白天为20~25 ℃，夜间为15~18 ℃，高于30 ℃则茎叶生长细弱，叶片小而薄，低于15 ℃或高于30 ℃则影响花芽分化，造成发育不良。开花结荚期的适宜温度为18~25 ℃，低于15 ℃时花粉萌发率低，授粉受精不良，10 ℃以下则开花不完全；高于35 ℃时，影响授粉而造成严重落花落荚。高温还会抑制光合作用，导致豆荚发育延缓，形成畸形荚或短小荚。

生产中，对于一般的菜豆品种，设施内温度高于28 ℃时应及时通风透气，通风量可小；高于30 ℃时应加大通风量，以利于降温。气温降至25 ℃时可减小通风量，低于23 ℃时即可关闭通风口。

（二）光　照

菜豆不同类型的品种对光照条件需求有所差别，随着植株生长，对光强度的要求也逐渐增加。根据对日照时间长短的反应不同，可将菜豆分为短日型、中间型和长日型3类，多数菜豆为中间型，对日照长度要求不太严格。总体来说，蔓生菜豆和半蔓生菜豆在短日照条件下能较好地促进花芽分化，矮生菜豆多为中间型。

菜豆生长需要较强的光照，适宜条件下，植株生长健壮。光照过弱时，植株容易徒长，茎的节间长，分枝减少，同化能力降低，不完全花和落花落荚增加，开花结荚数减少。但轻度遮光对生长影响不大。

通常早春栽培的菜豆花序着生节位较低，秋季栽培的花序着生节位较高。要获得菜豆高产必须有充足的光照条件，保证田间通风透光。早春季节如遇阴雨天气、苗期光照不足时，常导致幼苗生长纤弱，并诱发根腐病、疫病等毁灭性病害流行。在开花结荚期如遇阴雨天气，则极易造成菜豆大量落花落荚，降低产量。故生产中要注意栽培密度以及覆盖物的使用。

（三）水　分

菜豆的根系较发达，吸水能力强，对土壤湿度有较强的适应能力，其耐土壤干旱能力比耐空气干旱能力强，有一定的耐旱力，但不耐涝，生长中喜中度湿润土壤条件。发芽期种子需吸收种子重量100%～110%的水分，出苗时土壤含水量为16%～18%时较适宜。播种时土壤水分不足，则种子不能发芽，土壤过湿，则出苗延迟且不整齐，甚至烂种。生长期适宜土壤湿度为田间最大持水量的60%～70%，适宜空气相对湿度为80%，土壤水分过多则叶片提早黄化脱落，严重时植株死亡。开花结荚期对土壤水分和空气湿度要求较严格，初期能忍耐较低的土壤湿度，但土壤湿度过高时容易落花落荚，中期和后期高温干旱则会造成豆荚生长缓慢，品质下降，环境高温高湿时则结荚不良，根部和豆荚容易腐烂。生产中应注意开花初期适当控水，中期水分供应要充足，后期注意及时调节水肥。

（四）土壤及养分

菜豆适应性强，耐瘠薄、稍耐盐碱，大多数土壤都可种植，但以土层深厚、土质疏松、排灌良好、通气性好的壤土或砂壤土为宜。喜微酸性和中性土，pH 值 6.2~7.0 为宜。过酸或过碱、过于黏重或低洼、涝渍土壤均对根瘤菌的生长不利，还会引起土壤中的矿质营养元素活性下降，引发缺素症状，影响菜豆的生长发育。菜豆是豆类蔬菜中耐盐能力最弱的一种蔬菜。当土壤含盐量达 1 000 mg/L 以上时，植株就会生长发育不良，矮化，根系生长状况差。菜豆忌连作，应注意实行 2~3 年轮作。

菜豆生长过程中需吸收钾肥和氮肥较多，其次是磷肥和钙肥，微量元素硼和钼对豆荚的生长有利。矮生菜豆生育期短，开花结荚早，进入养分吸收旺期早，生产中需注意早追肥。蔓生菜豆前期生长较慢，开花结荚期长，产量高，故需肥量大，应注意后期追肥，防止早衰，更应注意中后期追施氮肥和钾肥，以促进豆荚的生长与成熟。菜豆从土壤中吸收氮、磷、钾的比例为 2.5∶1.0∶2.0，需磷量不大，但磷肥对植株生长、根系及根瘤的形成、花芽分化、开花结荚及种子的发育都有促进作用，在苗期和结荚盛期适当追施磷肥，可以促进根瘤的形成和花芽分化，提高开花结荚率。为此，生产上要保证大量肥料元素的供应，施肥时应氮、磷、钾配合施用，还应注意补施硼肥、钼肥，以促进结荚，增加产量。

第三节　菜豆绿色栽培相关理论基础

一、与绿色栽培相关的概念界定与理论基础

（一）生态农业概念及理论基础

生态农业是指运用生态环境保护学、生态经济学等原理，在优先改善农业生态环境的前提下，采用现代科学技术[42]现代管理手段，在传统农业有效经验的基础上，获得较高的经济效益、生态效益和社会效益的现代化高效农业[43]。它不同于以往石油农业的定义，是农业生态与农业经济系统相结合的产物，是一种复杂程度较高的农业生态经济系统，其目的在于能够通过采取一系列措施而实现经济、生态、社会效益最大化。

生态农业是基于生态学理论的基础提出的，并以此理论为主导，生态农业的前提是保护生态环境，提高农业自然资源的合理利用，其通过采用

系统工程方法，根据各地实际情况规划、组织、开展农业生产活动。其目的是在整个农业生态系统中，实现各种物质的循环多次利用，以最大限度地通过少量投入获得更多产出，实现农业生态系统中太阳能的固定率和利用率、废弃物的再循环利用率、生物能的转化率等提升。此外，生态农业的目的还在于同时实现生产发展、经济效益、生态环境保护、能源再利用等目标。与以往常规定义的农业不同的是，生态农业通过科学的化肥农药管控打破了其固有的局限性，因此在很大程度上避免了石油农业的一系列不足之处，同时又维持了传统农业的优良传统。从某种意义上讲，可将生态农业视为有机与无机农业的完美结合体，也是一个复杂、高效的农业生产体系。

（二）可持续农业概念及理论基础

可持续农业是由可持续发展理论延伸至农业农村领域而产生的。1991年，联合国粮食及农业组织把可持续农业的基本内涵概括为："通过重视可更新资源的利用，更多地依靠生物措施来增进土壤肥力，减少石油产品的投入，在发展生产的同时，保护资源、改善环境并提高食物质量，实现农业的持续发展。"[44] 可持续农业可以定义为："综合运用现代科学和管理的理论和技术，充分发挥农业生态系统中'植物—土壤—其他生物'天然的协作关系，提高资源利用效率，减少外部资源投入，并长期维持较高的种群或群落生产力和产量的现代农业体系。"[45]

可持续农业是在传统农业、工业化农业，以及以有机农业、生物农业和生态农业等为代表的替代农业模式的基础上，贯彻可持续发展思想的基础上形成的。可持续农业理论强调，农业要实现可持续发展，必须要实现经济、生态环境、社会三位一体的协调发展。首先在经济层面，必须通过现代的科学生产技术和管理手段增加食物生产量，通过调整农村产业结构，促进农村一二三产业融合，加强各产业间的利益联结机制，既要保证经济发展不落后，又要实现农业农村的可持续绿色发展。其次，在生态环境层面，必须通过采取各种有效措施，合理利用调配各种生产资源，回收利用农业生产残余，保护耕地、水资源等各种资源，改善生态环境条件，努力创造良好的资源环境，为农业农村可持续发展奠定坚实的基础。最后，在社会发展层面，要在保护资源、改善生态条件的同时，采用合理有效并且能够被广大农户接受的生产管理方法，实现农业农村现代化发展，实现农民生活富裕的目标。最终形成技术先进、经济效益良好、能够被大众广泛接受的农业。

（三）绿色农业概念及理论基础

最早的绿色农业于 1924 年在欧洲兴起，随后在英国、德国、美国等国家发展，在 20 世纪 90 年代得到稳步的发展。国内的专家和学者也从不同视角对绿色农业进行了解读。严立冬从农业可持续发展角度，指出绿色农业是将现代化农业生产技术，生态经济学原理，节能环保，以及农业经济增长合为一体的农业发展模式[46]。杨兰根等概括性指出，绿色农业的科学内涵即为"一个基础、一个手段、四个目标"。即农业标准化是基础，以科学技术开发为手段，农业生产资源安全、生态环境安全、农产品的质量安全以及促进农业综合效益的提升是终极目标[47]。周新德总结归纳了前人对绿色农业的概念界定，指出绿色农业是一种以可持续发展为指导，兼顾农业多功能效益之间协调性发展的农业发展模式，并强调它是生产优质、安全、生态、高产、高效农产品的产业[48]。

绿色农业是根据我国国情和第三世界发展中国家的情况提出来的，在总结传统农业、现代农业，以及诸如有机农业、自然农业、生态农业、可持续农业等系列替代农业的成功经验和弊端的基础上，以维护和建设产地优良生态环境为基础，以产出安全、优质产品和保障人体健康为核心，以稳产、高产、高效，改善整体农业生态环境为目标，达到人与自然协调，实现生态环境效益、经济效益和社会效益相互促进的，农、林、牧、渔、工（加工）综合发展的，施行标准化生产的新型农业生产模式[49]。

1986 年，中国农业科学院学者包建中阐述了"绿色农业"的相关概念，2003 年我国正式提出了"绿色农业"理念。绿色农业是一种有利于生态环境、有利于提高农产品质量、有利于资源保护的节约型农业生产发展新模式，不仅包括绿色农产品的生产加工，还包括农业物资的合理回收利用，农业生产垃圾的回收，对耕地的保护，以及对农村居民居住环境的有效改善。

2017 年，在农业供给侧结构性改革背景下，时任农业部①部长韩长赋指出，绿色农业发展的推进须准确把握其深刻内涵，即资源节约是基本特征，环境友好是内在属性，生态保育是根本要求，产品质量是重要目标。绿色农业理论对农业发展的论述是符合我国国情的，同时对我国农业的现代化发展起到了推动作用。

（四）农业绿色发展概念及理论基础

农业绿色发展的研究最早始于 20 世纪 30 年代，化肥农药等农用化学品的大量使用对环境造成了严重危害，农用化学品造成的安全事故唤醒人类要重视农产品质量和生态环境保护[50]。农业绿色发展并不是一个全新的概念，而是基于社会需求压力，农业功能逐步实现多元化与高级化的过程[51]。农业绿色发展是以农产品安全生产为目标，通过科学有效地调整农业生产要素配置结构，在保证农产品安全供给的同时实现生态环境的优化[52]。农业绿色发展是以"绿水青山就是金山银山"理念为指引，以资源环境承载力为基准，以推进农业供给侧结构性改革为主线，尊重农业发展规律，强化改革创新、激励约束和政府监管，转变农业发展方式，优化空间布局，节约利用资源，保护产地环境，提升生态服务功能，全力构建人与自然和谐共生的农业发展新格局[53]。

农业绿色发展以生态农业为基础，是一种科技化与绿色化的发展理念[54]。农业绿色发展相对于传统的农业发展方式更加注重农业发展与资源环境保护之间的协调关系，是将农业资源环境作为实现可持续发展重要支柱的一种新型发展模式。在确保农产品生产数量、质量安全、生态环境安全、资源获取安全的前提下，以全面、有序、协调、可持续为基本原则，以提高农业生产的经济效益为目标，运用先进的科学技术和管理方法，提高对资源的有效利用率，将农村的资源环境保护放在首位，最终形成节约资源、保护环境、高质高效绿色农业的生产活动。农业绿色发展不仅是目前全世界农业发展的新方向，也是今后世界农业发展的新目标。农业绿色发展的关键是要在确保农产品质量的同时，构建资源配置合理有

---

① 中华人民共和国农业部，全书简称农业部。2018 年国务院机构改革，将农业部职责整合，组建中华人民共和国农业农村部，简称农业农村部。

效、生产方式文明环保、生活环境优美宜人的农业发展新模式，在保护生态文明的同时提高农村居民的经济收益，提升村民的生活幸福感。

（五）绿色农业技术概念及理论基础

绿色农业技术是指在农业生产过程中，运用一些农具、机械设备或先进技术，确保农业活动符合相关规范与标准，最终实现农产品高质高产的效果，同时在整个经营过程中做到安全、环保的技术统称[55]，包括病虫害绿色防控技术、测土配方施肥、农产品质量标准体系和检测技术等[56]。

农业技术是农业生产过程中一项关键要素，是农业生产与农业科学研究的重要桥梁。发展绿色农业，先进的绿色农业技术是必不可少的。绿色农业技术主要强调的是绿色环保和农业的可持续发展。相比传统农业生产过程，绿色农业技术对化肥和农药的依赖程度降低，使得农产品的农药残留减少，满足国家粮食安全标准和消费者的物质生活需求[57]。绿色农业技术主要分为节药类农业绿色种植技术和节肥类农业绿色种植技术两大类[58]。绿色农业技术是一种综合性的应用技术，是有利于提高生态环境质量和农产品效益的先进种植技术。所有绿色农业技术的本质特征都是一样的，不再是单独追求农业的高产量，而是侧重在以提升农产品品质为目标的基础上提升农产品产量[59]。

绿色农业技术与循环农业技术、低碳农业技术、环境友好型技术和可持续农业技术既相互区别又相互联系。它们的共同点是，技术的采纳均具有促进资源节约和环境保护的作用，广义上都可称为可持续农业技术，相互之间也存在不同程度的交叉。其不同点在于，各类技术针对的目的有所不同。具体而言，可持续农业技术是在20世纪70年代，人们为了应对环境恶化和资源枯竭，缓解经济与环境、资源的矛盾而提出的技术。循环农业技术是以农业资源的可持续利用为前提，实现资源再次利用的技术，即"取之还之"以保持生态平衡，如秸秆还田技术等；环境友好型技术是以保护生态环境为目的，保护环境的技术，如退耕还林技术、保护性耕作技术等；低碳农业技术是以节能减排为目的，防止气候变暖的技术，如高效农药喷雾技术以及节水、节电和节油技术等；绿色农业技术则是以农产品安全为前提，防止农产品农药残留和重金属超标的技术，代表性的技术如科学施药施肥技术、病虫害绿色防控技术以及测土配方施肥技术等。

二、绿色栽培的概念界定

查找现有的文献，鲜见有关绿色栽培的概念，但绿色栽培的相关技术较多，特别是近年来在农业标准上提及很多。通过对与绿色栽培相关概念界定与理论基础的理解，以及研究人员对不同农作物绿色栽培技术的阐述，在此初步定义绿色栽培的概念：以保护农业生态环境为目的，应用绿色农业技术，减少农作物生产上农药、化肥的使用，并达到农产品安全、优质的生产目标，生产的农产品质量达到绿色食品标准，同时提高农产品生产效益及经济效益的一种可持续发展的栽培方式。

第二章 菜豆绿色栽培研究背景

第一节 丽水菜豆生产概况

丽水市地处浙江省西南、浙闽两省接合部，位于北纬 27°25′~28°57′，东经 118°41′~120°26′，东南与温州市接壤，西南与福建省宁德市、南平市毗邻，西北与衢州市相接，北部与金华市交界，东北与台州市相连。南北长约 150 km，东西宽约 160 km；辖莲都区、缙云县、青田县、云和县、松阳县、遂昌县、庆元县、景宁畲族自治县，另代省管理龙泉市[60]。丽水市面积 17 225 km²，地貌类型多样，主要有盆地、丘陵、山地三大类型，但以山地为主，约占90%，为省内山地面积最大的地级市。境内有瓯江、钱塘江、飞云江、椒江、闽江、赛江水系，被称为"六江之源"。丽水的植被保护良好，大气、水质、土壤、生物等生态环境要素受到的污染少，良好的自然生态环境，丰富的动植物资源，复杂的植被类型，使丽水山区成为华东地区生物资源的"物种基因库"和"国家生态示范区""浙江绿谷"。良好的生态环境，使丽水成为浙江省菜豆的主要生产基地。

一、丽水菜豆生产生态环境

（一）地形地貌

丽水地质构造属我国华南的地槽褶皱系，处江山—绍兴断裂带以东，为浙闽隆起区组成部分；山脉属武夷山系，主要山脉有仙霞岭、洞宫山、括苍山，呈西南向东北走向，分别延伸西北部、西南部和东北部。地势由西南向东北倾斜，西南部以中山为主，间有低山、丘陵和山间谷地；东北部以低山为主，间有中山及河谷盆地。地形地貌总体特征：山脉与河流相间分布，大体呈南西—东北走向，切割明显，山峦起伏。海拔 1 000 m 以上的山峰有 3 573 座，1 500 m 以上的山峰 244 座，其中，龙泉市凤阳山主峰黄茅尖的海拔 1 929 m，庆元县百山祖主峰雾林山的海拔 1 856.7 m，分别为浙江第一、第二高峰；最低处为青田县温溪镇，海拔 7 m。地貌类型多样，主要有盆地、丘陵、山地三大类型，但以山地为主，约占 90%，为浙江省山地面积最大的地级市。

（二）河流水系

丽水市内有瓯江、钱塘江、飞云江、椒江、闽江、赛江水系，被称为"六江之源"[61]。仙霞岭山脉是瓯江水系与钱塘江水系的分水岭，洞宫山山脉是瓯江水系与闽江、飞云江和赛江的分水岭，括苍山山脉是瓯江水系与椒江水系的分水岭。各河流因受地质构造运动的变迁和地形地势的控制，主干流呈脉状分布，溪流纵横，源短流急，两侧悬崖峭壁，河床切割较深，纵向比降较大，水位受雨水影响暴涨暴落，属山溪性河流，因落差大，蕴藏了丰富的水力资源。瓯江是最主要的水系，为丽水市第一大江，浙江省第二大江，其发源于庆元县与龙泉市交界的洞宫山锅帽尖西北麓，自西向东蜿蜒过境，干流长 388 km，丽水市内长 316 km，流域面积 12 985.5 km²，约占全市总面积的 78%。瓯江上游的龙泉溪建有紧水滩电站水库即仙宫湖，面积 43.6 km²，是丽水最大的人工湖泊；瓯江中游的大溪建有开潭电站水库即南明湖，面积 5.6 km²，相当于杭州西湖水域面积；瓯江支流小溪中游河段建有滩坑电站水库，即千峡湖，为丽水市第一、浙江省第二大的人工湖泊，日常拥有库区水域 71 km²，水库总库容 41.5 亿 m³。

（三）气候特征

丽水属中亚热带季风气候区，具有明显的盆地气候特征[62]。极端最高气温 43.2 ℃，最低气温-13.1 ℃，年日照时数 1 712~1 825 h，年无霜期 180~280 d。年降水量 1 400.0~1 598.9 mm，大体上为南部、西南部多，中部、北部少，一年中 80% 的降水出现在 3—9 月，但主要降水集中在 5—6 月的梅雨和 8—9 月的台风雨；冬季雨量偏少。气候总体特点为热量丰富、冬季温和春暖早、降水充足、无霜期长，静风频率高，稳定通过 10 ℃ 的初日比金华、黄岩及杭嘉湖平原早。因丘陵山地多、地形复杂、海拔高度相差悬殊等因素，呈现"低层温暖湿润、中层温和湿润、高层温凉湿润"规律性垂直气候变化的季风山地气候；同时，由阴坡、阳坡、峡谷、山脊、马蹄形等小地形形成了多种多样的山地立体小气候。其光、热、水的组合都各有特点，为多类型、多层次、多品种的植物孕育及生长提供了良好场所。

（四）土地资源

丽水土地总面积 17 225 km²。地貌以地表形态可分为盆地、丘陵、山地三大类。盆地约 700 km²，丘陵约 1 350 km²，山地约 15 100 km²；以海拔高度分，海拔 250 m 以下面积约 2 300 km²；250～499 m 约 4 670 km²；500～799 m 约 5 080 km²；800 m 及以上约 5 170 km²。山地约占全市面积的 90%，耕地占 5.5%，是个"九山半水半分田"的山区。

（五）土　壤

丽水土壤因海拔高度、成土自然条件、水热条件的不同而呈规律性分布。海拔 700 m 以上的中低山地带，铁钴氧化物水化，土壤呈黄色，形成黄壤类土壤；海拔 700 m 以下的低山丘陵地区，氧化铁以膜状分布于土壤表面，土壤呈红色，形成红壤类土壤；岩性土分布在海拔 200 m 以下的低山丘陵地区；潮土集中分布在瓯江及其支流两侧的河谷地带；水稻土分布较广，以 300 m 以下的盆地和丘陵谷地较为集中。

（六）植　被

丽水植被属亚热带常绿阔叶林区域的东部（湿润）常绿阔叶林亚区域。因人为活动频繁，原有的常绿阔叶林地带性植被大多被次生植被代之，在边远山区尚存部分半原生状态天然植被。现有植被类型主要有山地草灌丛、针叶林、针阔混交林、常绿落叶阔叶林、常绿阔叶林、竹林，以及油茶、茶树等人工植被类型，但以针叶林面积最大。自然植被的植物群落组成以壳斗科、樟科、山茶科、冬青科、金缕梅科、杜鹃花科、蔷薇科、山矾科、桦木科、豆科、杜英科、禾本科为主。森林覆盖率高达80%以上。

二、丽水菜豆产业发展史及现状

（一）菜豆产业发展史

丽水农村自古以来把菜豆与大豆、蚕豆、豇豆等豆类作为重要的蔬菜作物普遍种植，但真正意义上的产业化生产经营始于 21 世纪初期，农业部门在浙江遂昌、龙泉等地率先引导农民发展高山菜豆示范面积 66 hm^2 左右，并取得每 667 m^2 产值超过 2 000 元的经济收入，远超粮食等作物的经济效益，极大地激发广大农民的种植积极性[11]。此后，伴随着中国农村经济体制的不断深化，农业产业的结构调整而逐渐发展壮大，至 2017 年菜豆播种面积达到 $4.55×10^3$ hm^2，产量 $9.2×10^4$ t[63]，达历史最高峰。丽水成为浙江省蔓生菜豆的重要产区，占全省种植面积近 20%[64]。菜豆产业的发展促进了丽水山区农业的增效、农民的增收，还为省内外各大中城市蔬菜市场提供了大量优质菜豆，丰富了城市居民的"菜篮子"，为蔬菜周年均衡供给起到了重要作用。

（二）菜豆产业现状

1. 产业发展差异较大，以山地栽培为主

丽水市的平原、丘陵、山地等均有菜豆栽培，但产业发展差异较大，以龙泉市、遂昌县、松阳县、莲都区为主要产区，产业化经营已具规模。主要有早春设施栽培、春季露地栽培、秋延后露地栽培、高山越夏栽培等栽培方式，能为市场提供 7 个月的新鲜菜豆。其中，平原菜豆主要分布在莲都区碧湖平原一带，以早春设施栽培、春季露地栽培和秋延后栽培为主，年栽培面积 200 hm^2 左右，是春季菜豆的生产区；高山菜豆主要分布在遂昌县的高坪、濂竹，松阳县的玉岩，龙泉市的屏南、龙南，莲都区的峰源，云和县的崇头等山区，大部分位于海拔 600~1 000 m 的山区，利用

高山凉爽的气候优势发展高山越夏长季节栽培，年栽培面积 2 500 hm² 左右，因收获季节市场差异化明显，且产品质优味佳，深受消费者欢迎，经济效益高，产业化优势十分显著，而成为丽水菜豆的重点产区，也是当地农民收入的主要来源之一。

2021 年丽水市菜豆播种面积在 $3.53×10^3$ hm²，产量约 $8.5×10^4$ t；其中，龙泉市、遂昌县、松阳县、莲都区的菜豆播种面积占全市的 78.5%，菜豆产量占全市的 82.3%。与 2013 年相比，菜豆播种面积减少 15.95%，产量减少 9.48%，与 2017 年菜豆生产高峰相比，菜豆播种面积减少 22.82%，产量减少 7.61%，其原因是近 5 年来，丽水市除龙泉市、遂昌县、松阳县、莲都区外，其他县的菜豆播种面积减少较大。龙泉市作为丽水市菜豆产业的主要产区之一，其生产状况（表 2-1）基本上反映出丽水全市的生产趋势，其菜豆生产的高峰出现在 2016 年，稍早于全市高峰期的 2017 年。

表 2-1　龙泉市近年菜豆播种面积、产量、产值情况

指标	2013 年	2014 年	2015 年	2016 年	2017 年	2018 年	2019 年	2020 年	2021 年
面积（hm²）	891	895	840	923	808	815	855	831	840
产量（t）	21 376	28 743	18 900	20 775	24 240	24 440	24 999	22 951	23 184
产值（万元）	9 352	8 723	8 820	9 695	7 878	10 387	9 999	9 716	9 828

2. 产业集群效应已明显显现

经过 20 多年的发展，丽水市菜豆产业形成了以省级"丽水市莲都区豆类科技创新服务中心"为主要技术支撑，"龙头企业+合作社+基地+农户"为主要运作模式，统一供种供药、提供技术服务、销售产品、开展培训的"四个统一"为主要生产方式。在产品收购定价上，创新了重点产区以"高山蔬菜协会+销售客商+基地+农民"模式销售，通过每天招投标形式定价，菜豆价格与全国农产品销售价格趋势保持一致[65]，促进了菜豆总体价格的平稳，实现了菜豆生产的可持续发展。并形成了以大批菜豆销售为主的蔬菜经营大户和经纪人的经营组织，将产品销往北京、南京、上海、广州、杭州、宁波、温州等大中城市，深受消费者青睐。呈现出整个产业的种植、技术服务、销售、运输等分工相对明确、集群效应较为明显的丽水特色产业。

3. 蔬菜科技创新服务体系较为完善

丽水市为浙江省欠发达市，以农业生产为主，省、市农业院校联系相对较多。以丽水市农林科学研究院、丽水市农作物站、九县（市、区）基层农业推广机构的蔬菜专业技术人员为主组成的蔬菜科技创新服务组织，针对菜豆产业存在的问题，开展技术研究及试验，常年为农民提供技术服务，推广新品种、新技术；开通了"农技110"和乡、村的信息网络，及时解答农民的疑难问题，普及优质安全生产技术和提供销售信息，为菜豆产业的可持续发展提供技术保障。

4. 菜豆种植效益继续看好，农民种植的积极性高

菜豆春、秋季皆可种植；露地一年可以种植2茬，每茬一般3个月左右，每667 m^2 收益5 000~7 000元，高的超过15 000元。菜豆的生产管理要求也不很高，丽水农民经过多年的种植积累了较丰富的种植经验，同时随着科技兴菜步伐的加快，先进技术的推广，菜豆生产的科技水平的提高及产业化的进一步发展，菜豆种植的效益继续看好，农民种植的积极性也会提高[66]。但应做好土壤酸化、土壤次生盐渍化、土壤连作障碍的防控工作，以消减这三大问题对产业发展的制约。

第二节　菜豆绿色栽培主要障碍因子

1958年，毛泽东主席根据我国农民群众的实践经验和科学技术成果，提出了农业"八字宪法"（即土、肥、水、种、密、保、管、工），以推动农业实现科学种田，提高农作物产量。农作物种植离不开"八字宪法"，菜豆绿色栽培也离不开"八字宪法"。在"八字宪法"中，"土"排于首位，主要是指土地和土壤。土壤是农业生产的基础，是人类赖以生存的基本环境要素[67]，是生态系统的重要组成部分，在农田生态系统功能维护和粮食、蔬菜安全的保障上发挥重要的作用。土壤肥力是土壤的本质属性[68]，是为植物生长供应、协调营养条件和环境条件的能力。健康的土壤能维持自身的理化性质，使其生态恢复能力满足抵御外界负向影响的能力，实现"人地—生物—环境"的互利共生和有机协调[69]。土壤肥力的高低与作物的高产稳产密切相关，如何提高和维持土壤肥力，是农田

耕作管理技术的核心。土壤肥力是动态的而非固定不变的，土壤的物质构成、生物因素、自然条件以及人为耕作管理影响土壤肥力的变化。不合理的土壤管理会造成土壤酸化、次生盐渍化、土壤侵蚀、沙化、次生潜育化、污染等土壤退化问题，土壤退化问题已成为困扰人类发展的世界性问题之一[70]。菜豆绿色栽培主要障碍因子中除了土壤退化外，另外一个是菜豆的病虫害。其中土壤退化主要有土壤酸化、土壤次生盐渍化、土壤连作障碍三大问题。

一、蔬菜土壤酸化

（一）蔬菜土壤酸化的特点

土壤酸化，从广义上讲是指降低土壤 pH 值的自然过程和人为过程；从狭义上讲是"导致酸性土壤（pH 值<7）形成的一系列复杂的过程"，这一过程具体表现为土壤中氢离子和铝离子数量增加。致酸离子与土壤胶体表面上吸附的盐基性离子进行交换，被交换下来的盐基性离子随渗漏水淋失；土壤颗粒表面的氢离子又自发地与矿物晶格表面的铝反应，将其转化成交换性铝，这就是土壤酸化的实质[71]。蔬菜土壤酸化程度通常随着土壤深度的增加而减弱，一般耕作层土壤酸化较严重。此外，蔬菜土壤酸化和土壤次生盐渍化伴随发生，且酸化过程会加快。

（二）蔬菜土壤酸化的成因

土壤 pH 值取决于成土母质和立地条件，同时受到年降水量、耕地深度、施肥量及施肥种类等因素影响。大量肥料特别是生理酸性肥料的施用，加速了土壤酸化的进程。

1. 不合理施肥

主要表现为施用生理酸性肥料，如氯化铵、硫酸铵、磷酸二铵、硫酸钾、硫酸钾型复合肥、鸡粪；过量施用生理碱性肥料碳酸氢铵，以及生理中性肥料尿素、硝酸铵。此外，在施肥上氮、磷、钾三大营养元素投入比例过大，而钙、镁等中微量元素投入相对不足，造成土壤养分失调，使土壤胶粒中的钙、镁等碱基元素很容易被氢离子置换，导致土壤酸化。

2. 蔬菜作物的选择性吸收

蔬菜作物产量较高，从土壤中移走了过多的碱基元素，如钙、镁、钾等，导致土壤中的钾和某些中微量元素消耗过度，而降低土壤的盐基饱和度，土壤的交换性致酸离子增多，使土壤向酸化方向发展。

3. 土壤有机质含量过低加重土壤酸化

土壤有机质中的腐殖质具有巨大的比表面积，有较强的吸附性，以及较高的阳离子代换能力，在很大程度上能缓冲土壤中氢离子的浓度。菜地复种指数高，化肥用量大，导致土壤有机质含量下降，缓冲能力降低，土壤酸化程度加重。

（三）蔬菜土壤酸化的危害

1. 蔬菜土壤的理化性质恶化

主要表现为土壤团粒结构受破坏，特别是水稳性团粒结构减少，而导致土壤通气透水性不良，降水或灌水后土壤易板结；土壤中磷和钼的有效性降低，土壤盐基饱和度下降，促进钾离子、钙离子、镁离子的大量淋失；此外，土壤酸化还影响土壤中动物和微生物的种群，如蚯蚓、芽孢杆菌、放线菌、甲烷极毛杆菌、氨化细菌、固氮细菌的减少，线虫、有害真菌的增加，影响土壤营养元素的良性循环，使土壤肥力下降。

2. 影响蔬菜的正常生长

主要表现为土壤酸化可加重土壤板结，使根系伸展困难，发根力弱，缓苗困难，容易形成老僵苗。根系发育不良，养分吸收功能降低，利用率低，作物营养不良，缺素症严重，植株长势弱，产量降低，品质变差。

3. 污染生态环境

土壤酸化容易导致植物对养分吸收功能的降低，抗病能力降低，易被病害侵染，使得化肥和农药的施用量增加，污染生态环境。

二、蔬菜土壤次生盐渍化

（一）蔬菜土壤次生盐渍化的特点

土壤次生盐渍化是土壤潜在盐渍化的表象化，是由于不恰当的利用，使潜在盐渍化土壤中盐分趋向于表层积聚的过程[72]，使原来非盐渍化的土壤发生了盐渍化或增强了原土壤盐渍化程度的过程[73]。

土壤次生盐渍化一般分为4个阶段。盐渍化预兆阶段表现为原本结构疏松的土壤，表面开始频繁出现板结、卷起翘皮，这是土壤次生盐渍化的初期表现，此时土壤还未出现明显的颜色变化。而后，因土壤中存量肥料未被植物充分吸收利用，并超出土壤所能涵养吸附的能力，盐分积累并不断聚集，为绿藻提供了充足的营养，在湿度较大时，绿藻大量繁殖，进而造成绿苔的产生，此时土壤表面的颜色会呈现绿色，为土壤次生盐渍化轻度阶段。随着土壤盐分积累量的进一步增加，土壤结构会进一步变结实，已不太适宜绿藻的繁殖与生长，还因土壤中大量的钙、镁、钠等阳离子与氯、硫酸根、碳酸根等阴离子发生化学反应，在土壤表面变干燥时，会呈现一层白霜（称为返碱），白霜为土壤次生盐渍化中度阶段的重要标志。土壤返碱后，当土壤湿润时，表面有一层类似胶状的绿、红相间的黏膜，在干旱时，黏膜会失水皱卷表现出粉末状红色，在土壤表层会出现大量的盐碱植物紫球藻而呈现红霜现象，说明土壤的次生盐渍化程度已经很高，已经是土壤次生盐碱化重度阶段。

（二）蔬菜土壤次生盐渍化的成因

1. 不合理施肥

主要表现为偏施化肥、过量施化肥、化肥表施。通常在氮磷钾大量元素的超常规施用时，只有25%左右被作物吸收，另外75%被土壤固定和浇水淋溶。被土壤固定，长期大量的积累就形成了土壤次生盐渍化。

2. 不合理灌溉

主要表现为大水漫灌、灌溉次数频繁，导致地下水位上升，破坏土壤团粒结构，土壤大孔隙减少，通透性变差，毛细管作用增强，形成板结层，阻碍耕作层的盐分向土壤深层移动，相反还因水分蒸发，土壤深层的盐分移动到表层，耕作层的盐分逐渐加剧。

3. 设施蔬菜特定环境

因蔬菜设施栽培长期处于高温、避雨的环境下，雨水淋溶减少，土壤水分蒸发强，耕作层的盐分积累更严重，土壤次生盐渍化程度高，发生普遍。

（三）蔬菜土壤次生盐渍化的危害

1. 影响蔬菜的正常生长

当土壤表层含盐量超过 0.6% 时，大多数植物已不能正常生长；土壤中可溶性盐含量超过 1.0% 时，只有一些特殊适应于盐土的植物才能生长[74]。蔬菜在次生盐渍化土壤中生长，根系不发达，其中部分根系的水溶液受水势的影响，将会向土壤中倒流，根系吸水困难，导致作物脱水，影响正常的呼吸作用，免疫力降低，也影响蔬菜作物对养分的吸收。此外，土壤次生盐渍化会引起营养元素的拮抗作用，导致蔬菜作物对各营养元素吸收的不平衡，容易产生营养失调症。当遇到高温强光照时，叶面蒸腾作用增强，根系吸水量跟不上蒸腾的水量时，就会出现急性萎蔫状况而产生植物生理干旱，导致蔬菜生长发育不良、抗病性下降、病虫害加重等现象，严重时影响蔬菜产量和品质的提高。

2. 恶化蔬菜土壤环境

一般情况下，土壤次生盐渍化在设施栽培中比较常见；随着蔬菜产业的发展，由于蔬菜种植的高强度和集约化，露地蔬菜种植也出现不同程度的土壤次生盐渍化危害[75]。土壤次生盐渍化不仅导致土壤板结，还影响土壤中细菌、放线菌、真菌、藻类等微生物的活性。土壤微生物对于土壤肥力的形成、植物营养的转化起着极为重要的作用。土壤中的盐分可抑制土壤微生物的活动，影响土壤养分的有效化过程，从而间接影响土壤对作物的养分供应。此外，土壤次生盐渍化改变了土壤的部分理化性质，间接影响土壤微生物的生存环境。土壤次生盐渍化降低了土壤中硝化细菌、磷细菌和磷酸还原酶的活性，从而抑制了氮的氨化和硝化作用。土壤有效磷含量减少，增加了硫酸铵和尿素在土壤中转换为氨并挥发。

3. 污染生态环境

土壤发生次生盐渍化时，土壤中的部分盐基离子，在大水漫灌条件下会被淋溶到深层土壤或地下水中，对地下水造成污染。氮素淋溶可导致地下水的硝态氮污染。另外，过量的硝态氮还造成氮氧化物等温室气体的大量释放，使温室内有害气体聚集增加。土壤侵蚀和地表径流会将表土中的磷素带入水体，引起水体富营养化。土壤次生盐渍化不仅造成了水分和肥料的大量浪费，也产生了突出的生态与环境问题[76]。土壤次生盐渍化制约了农业生产，破坏了环境资源，还威胁着生态系统的平衡和发展[74]。

三、蔬菜土壤连作障碍

（一）蔬菜土壤连作障碍的特点

在同一块土壤中连续栽培同种或同科的作物时，即使在正常的栽培管理状况下，也会出现生长势变弱、产量降低、品质下降、病虫害严重的现象即为连作障碍[77]。蔬菜土壤连作障碍常常伴随着土壤酸化和土壤次生盐渍化，且发生日益加剧。一般蔬菜设施栽培的土壤连作障碍较露地栽培严重。茄科（尤其茄子）、葫芦科（尤其西瓜）、豆科、菊科蔬菜最易发生连作障碍，而伞形科、百合科、十字花科、禾本科蔬菜相对不易发生。

（二）蔬菜土壤连作障碍的成因

连作障碍是作物与土壤两个系统内部诸多因素综合作用结果的外在表现[78]。连作障碍的土壤生物学环境恶化，包括土壤中自毒产物积累，根系分泌物和土壤有害微生物增加，土壤根结线虫危害等。随着研究的不断深入，多数研究学者认为，土壤微生物学特性的变化是土壤连作障碍最主要的原因。在连作水稻危害研究中，有学者认为土壤生物病原菌和植物寄生性线虫是植物灾害性减产的主要直接原因，土壤养分、土壤反应和土壤物理性质的异常是次要原因。有学者将产生连作障碍的原因归纳为五大因子：①土壤养分亏缺；②土壤反应异常；③土壤物理性状恶化；④来自植物的有害物质；⑤土壤微生物变化。同时，强调土壤微生物的变化是连作障碍的主要因子，其他为辅助因子[79]。国内外的研究结果表明，蔬菜土壤连作障碍的主要原因为土壤生态系统失衡、化感作用和土壤养分失衡。

（三）蔬菜土壤连作障碍的危害

1. 土壤理化性状恶化，土壤生态变差

同一块土壤中连续栽培同种或同科的蔬菜作物，施用同一类的化肥，尤其是浅耕、土表施肥、淋溶不充分等情况下，导致土壤结构破坏、肥力衰退、土表盐分积累，加之同一种蔬菜的根系分布范围及深浅一致，吸收的养分相同，极易导致某种养分因长期消耗而造成该养分缺乏，如出现缺乏钾、钙、镁、硼的现象。另外，蔬菜设施栽培的特定条件下，容易导致土壤酸碱度失调，影响蔬菜正常生长并导致品质下降。由于蔬菜根系向土壤中分泌对其生长有害的有毒物质的积累，"自毒"作用被强化，加之土壤酶活性变化，土壤有益菌生长受到抑制，不利于蔬菜生长的微生物数量增加，导致土壤微生物菌群的失衡，土壤生态变差。

2. 蔬菜病虫害严重

反复种植同类蔬菜作物，土壤和蔬菜的关系相对稳定，病虫害易大量积聚、扩散。尤其是土传病害和地下害虫，如茄子的黄萎病、褐纹病、绵疫病，番茄的疫病、白绢病、青枯病、病毒病，椒类的炭疽病、病毒病，黄瓜的枯萎病，大白菜的软腐病、根肿病，以及土栖病虫害如线虫、根蛆等。

3. 污染生态环境

连作障碍导致蔬菜不能正常生长，病虫害严重。为促进蔬菜生长，减少产量的损失，往往被动增加化肥的使用量以及农药的使用量和使用次数，进一步污染了原有的生态环境。

四、菜豆病害

蔬菜病害可分为侵染性病害与非侵染性病害。由病原生物侵染引起的植物生育异常称为侵染性病害。这类病害可在菜田植株间互相传染，故又叫传染性病害。侵染性病害的病原生物主要有真菌、细菌、病毒、线虫、寄生性种子植物等。它们侵染后所发生的病害相应称为真菌病害、细菌病害、病毒病害、线虫病害、寄生性种子植物寄生等。侵染性病害一般既有病状表现，又有病征特点。由环境条件不适所引起的蔬菜生长异常称为非侵染性病害，也叫生理性病害，这类病害没有传染能力。非侵染性病害通常是由营养失调、温光和水分不适、有害气体、肥害、药害、土壤积盐和连作障碍等原因引起的。非侵染性病害只有病状，没有病征。

（一）菜豆病毒病（菜豆花叶病）

1. 症 状

主要为害叶片，幼苗至成株期均可发病。嫩叶染病初期呈明脉、失绿或皱缩，继而新长出的嫩叶呈花叶。叶片上有浓绿色部分凸起或凹下呈袋状，叶片通常向下弯曲。有些品种感病后变为畸形。病株矮缩或不矮缩，开花迟或落花。豆荚上症状少见，染病后叶片上时有深绿色斑点。

2. 病 原

病原主要有菜豆普通花叶病毒（Bean common mosaic virus，BCMV）、菜豆黄花叶病毒（Bean yellow mosaic virus，BYMV）、黄瓜花叶病毒菜豆系（Cucumber mosaic virus phaseoli，CMVP）3 种。菜豆普通花叶病毒致死温度 56~58 ℃，菜豆黄花叶病毒粒体线状，致死温度 56~60 ℃，黄瓜花叶病毒菜豆系病毒粒体球状，致死温度 60~70 ℃。病毒单独或几种混合侵染引起菜豆病毒病。

3. 寄 主

菜豆普通花叶病毒寄主除菜豆外，还有豇豆、蚕豆及扁豆。菜豆黄花叶病毒除侵染菜豆外，还侵染豇豆、蚕豆、扁豆、豌豆等。黄瓜花叶病毒菜豆系能侵染 100 多种寄主。

4. 传播途径

该病初次侵染主要来源于带病毒种子和越冬的寄主植物。菜豆普通花叶病毒主要通过蚜虫及汁液接触侵染，种子带毒率 30%~50%。菜豆黄花叶病毒和黄瓜花叶病毒菜豆系病毒通过蚜虫及汁液接触侵染，种子不带毒。也可通过病株汁液摩擦及农事操作传播。

5. 发病规律

高温干旱，蚜虫发生重是该病害发生的重要条件。该病的发生流行与环境因素有密切关系，气温 20~25 ℃利于显症，18 ℃左右只表现轻微花叶，26 ℃以上高温呈重型花叶、卷叶或植株矮化等。在高温少雨年份，有利于蚜虫增殖和有翅蚜迁飞，常造成病害流行。栽培管理粗放、农事操作不注意防止传毒、多年连作、地势低洼、缺肥、缺水、氮肥施用过多的田块发病重。

（二）菜豆细菌性疫病（火烧病）

1. 症 状

主要为害叶片、茎蔓、豆荚。病苗出土后，子叶呈红褐色溃疡状，或在着生小叶的节上及第二片叶柄基部产生水浸状斑，扩大后为红褐色，病斑绕茎扩展，幼苗即折断干枯。成株叶片染病始于叶尖或叶缘，初呈暗绿色油渍状小斑点，后扩展为不规则形褐斑，病组织变薄近透明，周围有黄色晕圈，发病重的病斑连合，终致全叶变黑枯凋或扭曲畸形。茎蔓染病呈红褐色溃疡状条斑，稍凹陷，绕茎一周时，致上部茎叶枯萎。豆荚染病初呈暗绿色油渍状小斑，后扩大为稍凹陷的圆形至不规则形褐斑，严重的豆荚皱缩。种子染病时，种皮皱缩或产生黑色凹陷斑。湿度大时，茎叶或种脐病部常有黏液状菌脓溢出，有别于炭疽病。

2. 病 原

病原为地毯草黄单胞菌菜豆致病变种细菌 [*Xanthomonas axonopodis* pv. *Phaseoli*（Smith）vauterin]，病菌生长适温为 28~30 ℃，温度在 36 ℃以上时，病菌侵染受到抑制[80]，致死温度 50 ℃（10 min）。

3. 寄 主

除菜豆外，还有豇豆、扁豆、绿豆、小豆等。

4. 传播途径

病原在种子内和土表的病残体上越冬，在种子内可存活 2 年以上，病残体上的细菌，当病残体分解后即死亡，在土壤中不能长期存活。种子里的细菌是翌年病害的主要初次侵染来源，并可随种子的调运进行长距离的传播。带菌种子发芽后，病菌先侵害幼苗的子叶和生长点，产生菌脓，经由风、雨和昆虫传播，从植株的水孔、气孔和伤口等处侵入，造成发病。但有时病菌并不产生菌脓，而是通过寄主的输导组织在体内蔓延，传遍全株。

5. 发病规律

该病为高温高湿型病害，发病程度与温湿度有密切关系，还和天气状况、田间管理有关。温度在 24～32 ℃ 范围内，植株表面有水滴或呈湿润状，是发病的重要条件，且侵染率随温度的升高而增加。一般高温多雨，或雾大露重，或暴风雨后转晴的天气，气温急剧上升，最易发病。栽培粗放、大水漫灌、土壤肥力不足、氮肥施用过多、田间通风不良、湿度大、杂草较多、虫害严重、植株长势弱易加重发病。

（三）菜豆细菌性叶斑病

1. 症　状

主要为害叶片。叶片染病初生黄绿色水浸状小斑，后扩展为多角形至不规则的黄色至浅褐色斑，最后变为红褐色或黑褐色，边缘具有黄色晕圈，病斑背面常溢出白色菌脓。豆荚染病症状与叶片相似，但荚上的斑较叶斑小，且常集中在荚的合缝处。

2. 病　原

病原为丁香假单胞菌丁香致病变种细菌（*Pseudomonas syringae* pv. *syringae* van Hall.），病菌生长适温为 25～27 ℃，致死温度 48～49 ℃（10 min）。

3. 寄　主

寄主范围较广，除菜豆外，还有甘蓝、油菜、番茄、甜椒、芹菜、萝卜、黄瓜、莴笋、白菜、甜菜、芥菜等。

4. 传播途径

病菌可在种子及病残体上越冬，借风雨、灌溉水传播蔓延。

5. 发病规律

苗期至结荚期阴雨或降雨天气多，雨后易见此病发生和蔓延。

（四）菜豆锈病

1. 症　状

主要为害叶片，通常叶背面发生较多，严重时锈粉覆满叶面。初发病时，叶背面产生黄白色斑点，稍隆起，扩大后呈黄褐色疱斑（夏孢子堆），表皮破裂后散出红褐色粉状物（夏孢子），叶正面形成褪绿斑点。发病后期或植株接近衰老时，斑点变成黑色（冬孢子堆）。叶柄和茎发病，初生褐色长条状疱斑（夏孢子堆），后期变为黑色或黑褐色（冬孢子堆及冬孢子）。豆荚染病所结籽粒不饱满，病斑与叶片上相似，但形状较大。

2. 病　原

病原为疣顶单胞锈菌［*Uromyces appendiculatus*（Pers.）Ung］，属担子菌亚门真菌[81]，病菌生长适温为 15~24 ℃。

3. 寄　主

除菜豆外，还有扁豆、绿豆等。

4. 传播途径

寒冷地区，病原以冬孢子随病残体越冬，温暖地区主要以夏孢子越冬。翌年春季冬孢子萌发产生担孢子，并随气流传播到叶片上，通过植株的水孔、气孔和伤口等处侵入，成为初次侵染源。菜豆生长期间，病原以夏孢子进行重复侵染。农事操作中人及工具接触也能传播。高温高湿条件下容易发生病害，尤其是高湿的情况下。早晚重露、多雾、多雨的天气，以及保护地通风不及时，发病较严重。此外，排水不良及种植过密时也易发病。

5. 发病规律

该病为高温高湿型病害，发病程度与温湿度有密切关系，还和天气状况、田间管理有关。尤其是叶面结露或有水滴是病菌孢子萌发和侵入的先决条件，夏孢子形成和侵入的最适温度为 16~22 ℃，进入开花结荚期，气温 20 ℃左右，高温、昼夜温差大及结露时间长，此病易流行。低洼、土质黏重、耕作粗放、排水不良，或种植过密，搭架引蔓不及时，田间通风透光状况差，氮肥施用过量，均有利于锈病的发生。一般苗期不发病。

（五）菜豆根腐病

1. 症　状

为害主根及地下茎部。染病后早期症状不明显，一般在开花结荚期才逐渐显症。下部叶片变黄，从叶片边缘开始枯萎，病叶自下向上蔓延，不脱落，植株易拔除。在主根和地下茎部分受害处，初生红褐色斑痕，后变黑褐色至黑色，无定形和边缘，有时形成红色条斑，病部稍向下凹，有时斑面开裂，并深入皮层内。秋菜豆幼苗期也可发病，夏季高温季节种子发芽后，胚根部分产生赤褐色长条形病斑，逐渐变成暗褐色。茎先端嫩叶首先变褐、萎缩、畸形，而下部老叶常暂时保持正常。病株侧根很少，植株矮化。纵剖病根，维管束呈红褐色，并可延及根茎部。当主根全部腐烂后，地上部茎叶枯萎死亡。潮湿的环境下，在病株茎基部表面常产生粉红色的霉状物（分生孢子及分生孢子梗）。

2. 病 原

病原为腐皮镰孢菌菜豆专化型真菌［*Fusarium solani* f. sp. *phaseoli* (Burk.) Snyder et Hansen]。属于半知菌亚门镰孢菌[82]，其病菌生长发育的适温为 29~32 ℃，最高 35 ℃，最低 13 ℃。

3. 寄 主

除菜豆外，还有豇豆、扁豆等。

4. 传播途径

病原可在土壤、病残体或厩肥中以菌丝体和厚垣孢子越冬，存活多年，无寄主时可腐生 10 年以上；种子不带菌，初侵染源主要是带菌土壤和肥料，通过雨水、灌溉水及农具传播蔓延，从根部或地下茎基部伤口侵入致皮层腐烂。生长期病斑上产生的分生孢子，可借风雨或流水传播，造成再次侵染。

5. 发病规律

发病程度与温湿度有密切关系。发病适温 24~28 ℃，空气相对湿度80%。土壤低温高湿，或土温过高，或土温变化剧烈，不利于根系生长及根部伤口愈合，植株抗病性降低，易诱发该病。低洼地、黏质土壤、施用带菌土杂肥、地下害虫多、农事操作伤根多、管理粗放的连作地皆易加重发病。

（六）菜豆灰霉病

1. 症 状

主要为害叶片、茎、花和豆荚。苗期病菌侵染靠近地面的茎和叶片，植株开花前主要为害叶片，花期为害花器，结果期为害豆荚，采收后如不及时拉秧，病菌会继而在叶片和茎蔓上扩展为害。叶片染病多从叶尖开始，病斑呈"V"字形向内扩展，初呈浅褐色水渍状，有不明显的深浅相间轮纹。病斑近圆形，易破裂，潮湿时病斑上着生淡灰色稀疏的霉层。高湿条件下，病斑不断扩大，致全叶枯死。成株叶片感病，出现较大的轮纹斑，后期易破裂。苗期子叶也易受害，子叶染病呈水渍状变软下垂，最后叶缘出现清晰的白灰霉层。茎发病，初产生水渍状小点，后快速扩展成长椭圆形，潮湿时病斑表面着生灰褐色霉层。菜豆木质化较快，该病一般不引起茎折断，仅表现为表皮腐烂，干燥时外皮开裂呈纤维状。时有病菌从茎分枝处侵入，使分枝处形成小溃斑，后凹陷，继而萎蔫。花器被害一般在初花期即可发病，花瓣及萼片染病后变软、萎缩腐烂，病斑表面着生霉斑，严重时整朵花死亡。嫩荚染病，病菌多从荚柄处或开败的花冠处向果面扩展，荚皮呈灰白色、软腐，病部长出大量灰绿色霉层，严重时荚果失水僵化、脱落。

2. 病　原

病原为灰葡萄孢（*Botrytis cinerea*）[83]，属于半知菌亚门真菌。其病菌生长发育的适温为23 ℃，最高31 ℃，最低2 ℃。

3. 寄　主

寄主范围较广，除菜豆外，还有黄瓜、莴笋、生菜、芹菜、韭菜、大蒜、草莓、茄科蔬菜等多种作物。

4. 传播途径

病原以菌丝、菌核、分生孢子越夏或越冬，成为初侵染源。越冬病菌以菌丝在病残体上腐生并形成大量分生孢子进行再侵染。在温度较高、不适宜病菌生活的条件下，菌丝可形成大量抗性强的菌核，菌核在田间存活时间较长，条件适宜时菌核长出菌丝直接侵染植株。病菌借助水流、气流、农事操作，以及田间腐烂的病荚、残花、病叶等进行传播。

5. 发病规律

该病为低温高湿型病害，温度16~23 ℃、空气相对湿度90%以上是灰霉病暴发的主要条件。相对封闭的日光温室易为该病发生创造环境。春季或梅雨期以及多阴雨、光照时数少的年份发病重；田块间连作地、排水不良、与感病寄主间作的田块发病较早较重；种植过密、通风透光差、氮肥施用过多的田块发病重；春播特早熟栽培茬口易发病，且发病重于迟播菜豆。

（七）菜豆枯萎病

1. 症　状

主要为害叶片、根、茎。常于初花期开始发病，严重时结荚盛期植株大量枯死。叶片染病初期下部叶片的叶尖、叶缘先出现不规则形褪绿斑块，似开水烫伤状，无光泽，后全叶失绿萎蔫，呈黄色至黄褐色，向上叶发展，3~5 d后整株凋萎，叶片变黄脱落。有时仅少数分枝枯萎，其余分枝仍正常。病株根茎染病时，根颈处有纵向裂纹，根系不发达，变色腐烂，容易拔起。剖视主茎、分枝或叶柄，可见维管束呈黄褐色至黑褐色，潮湿时茎基部常产生粉红色霉状物。

2. 病　原

病原为尖孢镰孢菌菜豆专化型（*Fusarium oxysporum* f. sp. *phaseoli*）[84]，属于半知菌亚门真菌。其病菌生长发育的适温为28 ℃。

3. 寄　主

寄主仅为菜豆。

4. 传播途径

病原以菌丝、厚垣孢子、菌核在病残体或带病原的堆肥中越冬，成为次年的初侵染源。病原能在土壤中营腐生生活3年以上。还可附着在种子上越冬。病原主要经伤口或根毛侵入。在田间病原主要靠流水传播，也可随病土借风吹或黏附在农具上传到远处。

5. 发病规律

华东地区于4月上中旬的初花期开始发病，5月中下旬的盛花期至结荚期发病最多。最适宜发病的气候条件为气温24~28 ℃，相对湿度80%。平均气温20 ℃时，田间开始出现病株；气温上升到24~28 ℃时，发病最多。相对湿度80%以上，病害发展迅速，特别是结荚期如遇雨后暴晴或时晴时雨天气，病情常迅速发展。地势低洼，平畦种植，灌水频繁，田间湿度大，肥力不足，管理粗放，连作地发病较重。

（八）菜豆白粉病

1. 症　状

主要为害叶片。菌丝体着生于叶两面、叶柄和茎上，一般子囊果成熟时，菌丝体才逐渐消失。初发病时先于叶片上产生近圆形粉状白霉，后融合成粉状斑，严重时布满全叶，致叶片枯死或脱落。

2. 病　原

病原为菜豆单囊壳（*Sphaerotheca astragali* Junell var. *phaseoli* Z. Y. Zhao），属于子囊菌亚门真菌。

3. 寄　主

寄主为菜豆。

4. 传播途径

病原以闭囊壳在土表病残体上越冬，翌年条件适宜时，散出子囊孢子进行初侵染。发病后，病部产生分生孢子，靠气流传播进行再侵染，经多次重复侵染，扩大为害。

5. 发病规律

在潮湿、多雨或田间积水，植株生长茂密的情况下易发病；干旱少雨植株往往生长不良，抗病性弱，但病菌分生孢子仍可萌发侵入，尤其是干、湿交替利于该病扩展，发病重。田间湿度大、肥力不足、管理粗放、连作地发病也较重。

（九）菜豆炭疽病

1. 症　状

主要为害子叶、叶片、茎、豆荚。苗期染病，子叶上出现红褐色后变暗褐色的近圆形斑，病部略凹陷。成株期叶片染病，多在叶背的叶脉上，呈锈红色条状斑，并沿叶脉呈多角形扩展，颜色由浅至深，渐呈黑褐色。叶柄和茎染病，病斑长条状，褐锈色，凹陷龟裂。豆荚染病，初为褐色小斑点，渐扩大成近圆形斑，中间凹陷呈黑褐色，边缘有粉红色的隆起，数个病斑可融合成大病斑，潮湿时有红色黏稠状物溢出。

2. 病　原

病原为 [*Colletotrichum lindemuthianum* (Sacc. et Magn.) Br. et Cav.][85]，

称豆刺盘孢，属半知菌亚门真菌。其病菌生长发育的适温为 21~23 ℃，最高 30 ℃，最低 6 ℃。其分生孢子致死温度为 45 ℃（10 min）。

3. 寄 主

除菜豆外，还有蚕豆、豇豆、豌豆、绿豆、扁豆等。

4. 传播途径

病原主要以菌丝体在种子上越冬，也能以菌丝体随病残体在田间越冬。播种带菌的种子，幼苗即可发病，菌丝体产生的分生孢子借雨水和昆虫进行传播。越冬菌丝体在环境条件适宜时，菌丝体产生分生孢子，通过雨水反溅至寄主植物上，从寄主表皮直接侵入，引起初次侵染。经潜育后出现病斑，在病斑上就会产生新生代分生孢子，进行多次再侵染。病原从侵入至症状表现，潜育期为 4~7 d。

5. 发病规律

气温 20 ℃ 和 95% 以上的相对湿度，最有利发病。当温度高于 27 ℃，或相对湿度低于 92% 时，很少发病或不发病。地势低洼、土质黏重、连年重茬、种植过密的地块，以及多雨、多露、低温、多雾的条件有利病害的发生。

（十）菜豆煤霉病

1. 症 状

主要为害叶片，多发生在老叶或成熟的叶片上。苗期很少发病，开花结荚期才开始发病。染病后叶片两面初生赤褐色小点，后扩大成直径为 1~2 cm、近圆形或多角形的褐色病斑，叶片变小；病部、健部交界不明显。潮湿时，病斑上密生灰黑色霉层（分生孢子梗及分生孢子），尤以叶片背面显著。严重时，病斑相互连片，引起早期落叶，仅留顶端嫩叶。

2. 病 原

病原为菜豆假尾孢菌 [*Pseudocercospora cruenta*（Sacc.）Deighton]，异名豆类煤污尾孢（*Cercospora vignae* F. et E.），属半知菌亚门真菌[86]。生长适宜温度为 7~35 ℃，最适温度为 25~32 ℃。

3. 寄 主

除菜豆外，还有豇豆、蚕豆、豌豆、大豆等豆类植物。

4. 传播途径

病原以菌丝体和分生孢子随病残体在土中越冬，翌年环境条件适宜时，从菌丝体上产生分生孢子。分生孢子借气流传播进行初侵染，传播到植株的叶片上，萌发产生芽管，从气孔侵入为害。随后在发病部位产生新的分生孢子，在植株生长期间，不断进行再侵染。

5. 发病规律

该病为高温高湿型病害，高温高湿的环境是发病的重要条件，田间发病最适温度 25~32 ℃，相对湿度 90%~100%。开花结荚期到采收中后期最易感病。连作地、地势低洼、排水不良的田块发病重；种植过密、通风透光差、肥水管理不当、生长势弱的田块发病重。

（十一）菜豆腐霉病

1. 症 状

主要为害茎基部和根部，染病初期，距地面较近的茎部现无色至暗褐色湿腐，幼嫩的豆株有时也有，严重的植株萎蔫或枯死，剖开病茎，茎内中空呈管状，有别于茎基腐病。

2. 病 原

病原为终极腐霉菌（*Pythium ultimum* Trow），属鞭毛菌亚门真菌，其菌丝生长适温 32 ℃，最高 36~40 ℃，最低 4 ℃。

3. 寄 主

范围很广，除菜豆外，还有大豆、豌豆、甘薯、咖啡、苹果、柑橘、桃、棉花、菊花、大丽花、南瓜、西瓜、甘蔗、苜蓿、番茄等 150 余种经济植物。引起苗枯、猝倒、根腐、脚腐、枯萎等多种病害。

4. 传播途径

病原随病残体在土壤中越冬，可营腐生生活。条件适宜时病原借雨水或灌溉水传播到幼苗上，从茎基部侵入，潜育期 1~2 d。湿度大时，病原扩散后进行再侵染。

5. 发病规律

当苗床温度低，幼苗生长缓慢，再遇高湿，光照不足，幼苗生长衰弱，则发病重。育苗期如遇寒流侵袭，不注意放风则会加剧发病。当幼苗皮层木栓化后，真叶长出，则逐步进入抗病阶段。

（十二）菜豆白绢病

1. 症 状

主要为害茎基部和豆荚。染病时茎基部或豆荚上出现辐射状白色绢丝状菌丝体，后变为褐色或黑褐色油菜籽状菌核，引起病部腐烂。病株叶片由下向上变黄、枯萎，最后全株死亡。

2. 病 原

病原为齐整小核菌（*Sclerotium rolfsii*），属半知菌亚门，无孢目[87]。其病菌的生长温度为 8~40 ℃，适宜温度为 28~33 ℃，发育最适温度为 32~33 ℃，最适相对湿度为 100%。菌核耐低温，抗逆性强，在-10 ℃不丧失生活力，在自然环境下经过 5~6 年仍具有萌发能力。

3. 寄 主

范围很广，除菜豆外，还有豇豆、毛豆、辣椒、番茄、茄子、魔芋等 82 科 500 多种植物。

4. 传播途径

主要以菌核或菌丝体随病残体在土壤中越冬，或菌核混在种子上越冬。翌年初侵染由越冬菌核长出菌丝，从根茎部直接侵入或从伤口侵入。再侵染由发病根茎部产生的菌丝蔓延至邻近植株，也可借助雨水、灌溉水、农事操作传播蔓延。

5. 发病规律

该病为高温高湿型病害。施用未充分腐熟的有机肥，连作地以及酸性土壤发病重。高温、潮湿、栽植过密、不通风、不透光易发病。露地栽培时，6—7 月高温多雨天气，或时晴时雨天气发病严重。气温降低，病害减轻。

（十三）菜豆缺钾

1. 症 状

植株生长早期叶缘出现轻微的黄化，后是叶脉间黄化，顺序明显；叶缘枯死，随着叶片不断生长，叶向外侧卷曲；叶片稍有硬化；豆荚稍短。

2. 发生条件

土壤中含钾量低，而施用的有机质肥和钾肥少，易出现缺钾症；地温低、日照不足、土壤过湿、施氮肥过多等阻碍菜豆对钾的吸收。

3. 诊断要点

注意叶片症状位置，如是下位叶和中位叶出现症状可能缺钾；生育初期，当温度低、保护地栽培时，气体障碍有类似的症状，要注意区别；同样的症状，如出现在上位叶，则可能是缺钙。

（十四）菜豆缺钙

1. 症 状

植株矮小、未老先衰，茎端营养生长缓慢；侧根尖部死亡，呈瘤状突起；顶叶的叶脉间呈淡绿色或黄色，幼叶卷曲，叶缘变黄失绿后从叶尖和叶缘向内死亡；植株顶芽坏死，但老叶仍绿。

2. 发生条件

土壤缺钙；氮多、钾多、土壤干燥，阻碍对钙的吸收；空气湿度低，蒸发快，补水不足时易产生缺钙。

3. 诊断要点

观察植株生长点附近的叶片黄化状况。如叶脉不黄化，呈花叶状则可能是病毒病；生长点附近萎缩，可能是缺硼。但缺硼突然出现萎缩症状的情况较少，且缺硼时叶片扭曲。

（十五）菜豆缺硼

1. 症 状

植株生长点萎缩变褐、干枯；新发的叶芽和叶柄色浅、发硬、易折；上位叶向外侧卷曲，叶缘部分变褐色；上位叶的叶脉有轻微的萎缩现象；豆荚表皮出现木质化。

2. 发生条件

土壤缺硼；土壤干燥、施用钾肥过多，影响对硼的吸收。

3. 诊断要点

注意叶片症状位置，症状多发生在上位叶；叶脉间不出现黄化；植株生长点附近的叶片萎缩、枯死，其症状与缺钙类似，但缺钙叶脉间黄化，而缺硼叶脉间不黄化且叶片扭曲。

（十六）菜豆缺铁

1. 症　状

植株幼叶叶脉间褪绿，呈黄白色，严重时全叶呈黄白色干枯，但不表现坏死斑。老叶很少发生。典型症状是心叶黄白化，但绿色脉纹较为清晰，色界分明。

2. 发生条件

碱性土壤、过量施用磷肥或铜、锰在土壤中过量时易缺铁。土壤过干、过湿、温度低，影响根的活力，易发生缺铁。

3. 诊断要点

幼叶现斑点状黄化，呈网状花叶，叶缘正常；在干燥或多湿等条件下，根的功能下降，吸收铁的能力下降，会出现缺铁症状。诊断时要注意与缺镁、缺锰相区别。缺铁和缺镁叶片都会出现网状花叶，但缺铁是发生在新叶上，缺镁则发生在中下位叶。缺铁和缺锰的症状都出现在上位叶，但缺锰褪绿程度深，黄绿色分界清晰；缺镁褪绿程度较轻，呈浅绿色或黄绿色，没有缺铁那样清晰，且常伴有褐色斑点。

（十七）菜豆缺镁

1. 症　状

植株下位叶的叶脉间颜色由绿色逐渐变黄，严重的除叶脉、叶缘残留点绿色外，叶脉间均黄化。

2. 发生条件

土壤含镁量低；钾、氮肥用量过多，阻碍对镁的吸收。尤其是大棚栽培更明显。

3. 诊断要点

植株生育初期至结荚前，若发生缺绿症，缺镁的可能性不大，可能与保护地内由于覆盖产生的气体障碍有关。缺镁的叶片不卷缩，如硬化、卷缩应考虑其他原因；观察发生缺绿症叶片的背面，要看是否有螨害、病害。缺镁症状与缺钾症状相似，但缺镁是从叶内侧失绿，缺钾是从叶缘开始失绿。

（十八）菜豆缺锌

1. 症 状

植株中上位叶开始褪色，叶脉清晰；后叶脉间逐步褪色，叶片黄化并出现褐色斑点，叶片向外侧稍微卷曲，叶缘变为褐色；节间变短，茎顶簇生小叶，株型丛状。

2. 发生条件

土壤含锌量低；光照过强易发生缺锌；若吸收磷过多，植株即使吸收了锌，也可表现缺锌症状。土壤 pH 值高，即使土壤中有足够的锌，但其不溶解，不能被植株所吸收利用而缺锌。

3. 诊断要点

缺锌症与缺钾症类似，叶片黄化。缺锌多发生在中上部叶，缺钾多发生在中下部叶；缺锌症状严重时，生长点附近节间短缩。

（十九）菜豆缺钼

1. 症 状

植株上位叶开始褪绿或扭曲，后幼叶褪绿，叶缘和叶脉间的叶肉呈黄色斑状，叶缘向内部卷曲，叶尖萎缩。植株生长势差，株型矮小，叶片发白逐渐枯萎，常造成植株开花不结荚。

2. 发生条件

酸性土壤易缺钼；过量施用含硫肥料导致缺钼；土壤中的活性铁、锰含量高，也会与钼产生拮抗，导致土壤缺钼。

3. 诊断要点

观察植株症状部位，发生在上位（幼）叶；检测土壤 pH 值，出现症状的植株根际土壤呈酸性，有可能是缺钼；出现"花而不实"现象，可能是缺钼。

五、菜豆虫害

（一）豆荚螟（豇豆荚螟、豆野螟）

1. 学　名

Maruca testulalis Geyer，为鳞翅目螟蛾科豆荚野螟属昆虫。

2. 寄　主

除菜豆外，还有大豆、豇豆、扁豆、豌豆、蚕豆等。

3. 为害特征

幼虫为害豆叶、花及豆荚，常卷叶为害或蛀入荚内取食幼嫩的种粒，荚内及蛀孔外堆积粪粒。受害豆荚味苦，不堪食用。

4. 形态识别

成虫体长约 13 mm，翅展 24~26 mm，暗黄褐色。前翅中央有 2 个白色透明斑，后翅白色半透明，内侧有暗棕色波状纹。卵扁平、椭圆形，淡绿色，表面具六角形网状纹。老熟幼虫体长约 18 mm，体黄绿色，头部及前胸背板褐色。中、后胸背板上有黑褐色毛片 6 个，前列 4 个各具 2 根刚毛，后列 2 个无刚毛；腹部各节背面有同样毛片 6 个，各具 1 根刚毛。蛹长 13 mm，黄褐色，头顶突出，复眼红褐色。羽化前在褐色翅芽上可见到成虫前翅的透明斑。

5. 生活习性

以蛹在土中越冬。6—10 月为幼虫为害期。成虫有趋光性，卵散产于嫩荚、花蕾和叶柄上，卵期 2~3 d。幼虫共 5 龄，初孵幼虫蛀入嫩荚或花蕾取食，造成花蕾、嫩荚脱落；3 龄后蛀入荚内食害豆粒。幼虫亦常吐丝缀叶为害。对温度适应范围广，7~31 ℃都能发育，最适温度为 28 ℃，最适相对湿度为 80%~85%。

（二）斜纹夜蛾（莲纹夜蛾、莲纹夜盗虫）

1. 学　名

Spodoptera litura Fabricius，为鳞翅目夜蛾科斜纹夜蛾属昆虫。

2. 寄　主

除菜豆外，还有甘蓝、花椰菜、白菜、萝卜等十字花科蔬菜，茄科、葫芦科、豆科蔬菜，葱、韭菜、菠菜以及其他农作物达 99 科 290 种以上。

3. 为害特征

幼虫食叶、花蕾、花及荚果，咬食叶片形成孔洞或缺刻，严重的可吃光叶片，仅留茎蔓。

4. 形态识别

成虫体长 14~20 mm，翅展 35~40 mm。头、胸、腹均深褐色，胸部背面有白色丛毛；腹部前数节背面中央具有暗褐色丛毛。前翅灰褐色，斑纹复杂，内横线及外横线灰白色，波浪形，中间有白色条纹；在环状纹与肾状纹间，自前缘向后缘外方有 3 条白色斜线，故名斜纹夜蛾。后翅白色、无斑纹。前后翅常有水红色至紫红色闪光。卵扁半球形，初产黄白色，后转淡绿色，孵化前紫黑色。卵粒集结成 3~4 层的卵块，外覆灰黄色疏松的绒毛。老熟幼虫体长 35~47 mm，头部黑褐色，胴部体色因寄主和虫口密度不同而异，有土黄色、青黄色、灰褐色、暗绿色等。胸足近黑色，腹足暗褐色。蛹长 15~20 mm，赭红色，腹部背面第四至第七节近前缘处各有 1 个小刻点。

5. 生活习性

幼虫初孵时聚集叶背，4 龄以后和成虫一样，白天躲在叶下土表处或土缝里，傍晚后爬到植株上取食叶片。成虫夜间活动，飞翔力强，一次可飞数十米远，高达 10 m 以上；成虫有趋光性，并对糖醋酒液及发酵的胡萝卜、麦芽、豆饼、牛粪等有趋性。卵多产于高大、茂密、浓绿的边际作物上。喜温，发育适宜温度为 28~30 ℃。

（三）豌豆彩潜蝇（豌豆植潜蝇、豌豆潜叶蝇、叶蛆、叶夹虫）

1. 学 名

Chromatomyia horticola Goureau，为双翅目潜蝇科彩潜蝇属昆虫。

2. 寄 主

除菜豆外，还有豌豆、豇豆、红小豆、甘蓝、白菜、莴苣、番茄等22 科 30 多种植物。

3. 为害特征

以幼虫在叶片表皮下的柔软组织中取食，食去叶肉，仅留上下表皮，形成灰白色的蛇形潜道，内有黑色虫粪，影响生长，为害严重时叶片组织几乎全部受害，叶上布满潜道，导致整个叶片枯死。幼虫还能潜食嫩荚及花梗，造成落花，影响结荚。

4. 形态识别

成虫体长 2 mm 左右，翅展 5~6 mm。头部黄色，复眼红褐色，翅基、腿节末端、各腹节后缘黄色。翅透明，在光下有彩虹光彩。卵长椭圆形，乳白色。老熟幼虫黄色，长约 3 mm，体表光滑透明，前气门呈叉状前伸，后气门在腹部末端背面，为 1 对明显的小凸起。蛹长约 2.5 mm，长椭圆形，黄色至黑褐色。

5. 生活习性

长江流域以蛹越冬为主，少数以幼虫和成虫越冬。幼虫孵化后，很快就能取食叶肉，边食边向前钻，随着虫体的增大，隧道越来越大，老熟后在潜道末端化蛹。成虫很活跃，白天活动，出没于寄主间，进行摄食、交配和产卵，受惊扰时在株间飞翔或在原株上爬行。成虫吸食花蜜，或靠雌虫以产卵器刺破叶片，从刺孔中吸取汁液。雌虫常在嫩叶叶背边缘。常4—5月为发生盛期，6—7月因温度较高，虫口密度迅速下降，为害轻微，迁飞到瓜类、苜蓿和杂草上生活；8月以后又逐渐转移到白菜、萝卜上继续繁殖为害。成虫较耐低温，幼虫和蛹的发育适温较低。高温是抑制夏季为害的主要因素，7月气温高于 32 ℃ 时难以存活，最适温度为 22 ℃ 左右。

（四）美洲斑潜蝇（蔬菜斑潜蝇、蛇形斑潜蝇、甘蓝斑潜蝇）

1. 学 名

Liriomyza sativae Blanchard，为双翅目潜蝇科彩潜蝇属昆虫。

2. 寄 主

除菜豆外，黄瓜、菜豆、番茄、白菜、油菜、芹菜、茼蒿、生菜等受害最重。寄主广泛，多达 33 科 170 多种植物。

3. 为害特征

为一种危险性检疫害虫，适应性强，繁殖快。以幼虫和成虫为害蔬菜，以幼虫为害为主。幼虫在蔬菜叶片内取食叶肉，使叶片布满"蛇形"

蛀道。幼虫仅为害叶片的栅栏组织，一般在叶片正面形成完整的潜道。雌成虫刺伤叶片取食和产卵。受害后叶片逐渐萎蔫，上下表皮分离、枯落，严重时植株死亡。对温室中蔬菜为害严重。

4. 形态识别

成虫体长 1.3~2.3 mm，胸背面亮黑色有光泽，腹部背面黑色，侧面和腹面黄色，臀部黑色。雌虫体型较雄虫稍大，雄虫腹末圆锥状，雌虫腹末短鞘状。卵为椭圆形，米色，稍透明，肉眼不易发现。幼虫为蛆形，共有 3 个龄期，1 龄幼虫近乎透明，2~3 龄为鲜黄色，老熟幼虫体长可达 3 mm。蛹为椭圆形，腹部稍扁平，初化蛹时为鲜橙色，后逐渐变暗黄。后气门三叉状。

5. 生活习性

雌虫以产卵器刺伤叶片，吸食汁液，卵产于部分伤孔表皮下，卵经 2~5 d 孵化，幼虫期 4~7 d，在叶片组织内取食，末龄幼虫老熟后咬破叶表皮在叶外或土表下化蛹，蛹经 7~14 d 羽化为成虫，夏季 2~4 周完成 1 世代，冬季 6~8 周完成 1 世代。幼虫老熟后从蛀道顶端咬破钻出，在叶片或土壤中化蛹。

（五）豆蚜（苜蓿蚜、花生蚜）

1. 学 名

Aphis craccivora Koch，为同翅目蚜科蚜属昆虫。

2. 寄 主

除菜豆外，还有豇豆、豌豆、蚕豆、苜蓿、苕子等豆科作物。

3. 为害特征

成虫和若虫刺吸嫩叶、嫩茎、花及嫩荚的汁液，使叶片卷缩发黄，嫩荚变黄，严重时影响生长，造成减产。尤其是在晴天少雨的高温季节，豆蚜发生尤为严重，影响产量和品质。

4. 形态识别

成虫可分为有翅胎生雌蚜和无翅胎生雌蚜 2 种。有翅胎生雌蚜体长为 1.5~1.8 mm，黑色或黑绿色，有光泽；触角 6 节，1~2 节黑褐色，3~6 节黄白色，节间带褐色。无翅胎生雌蚜体长为 1.8~2.0 mm，体较肥胖，黑色或紫黑色有光泽，体被甚薄的蜡粉；触角6节，约为体长的2/3，第一节、第二节、第六节及第五节末端黑色，其余黄白色，腹部第一至第六节背面隆起，有1块灰色斑，分节界限不清。卵长椭圆形，初产下为淡黄色，后变为草绿色至黑色。幼虫与成蚜相似。若蚜体小，灰紫色，体节明显，体上具薄蜡粉。

5. 生活习性

主要以无翅胎生雌蚜和若蚜在背风向阳的山坡、沟边、路旁的荠菜、苜蓿、冬豌豆的心叶及根茎交界处越冬，也有少量以卵在枯死寄主的残株上越冬。春末夏初气候温暖，雨量适中，利于该虫发生和繁殖。旱地、坡地及生长茂密地块发生重。成虫、若虫有群集性，常群集为害。繁殖力强，条件适宜时，4~6 d即可完成1代，每头无翅胎生雌蚜可产若蚜100多只。

（六）瓜蓟马（棕榈蓟马、棕黄蓟马）

1. 学　名

Thrips palmi Karny，为缨翅目蓟马科昆虫，是蓟马（昆虫纲缨翅目的统称）中的一种。

2. 寄　主

除菜豆外，还有黄瓜、苦瓜、西瓜、冬瓜、丝瓜等瓜类作物，茄子、甜椒、番茄等茄科作物，豇豆等豆科类作物，白菜、油菜等十字花科蔬菜等。

3. 为害特征

成虫、若虫以锉吸式口器锉吸汁液，为害心叶、嫩芽、嫩荚，被害植株生长缓慢，节间缩短。受害叶片向正面卷缩，心叶不能张开，生长点萎缩。受害嫩荚表皮锈褐色，甚至畸形，生长缓慢，严重时造成落荚，对产量质量影响极大。

4. 形态识别

成虫体长约1 mm，金黄色，头近方形、复眼稍突出，单眼3只，红色，排成三角形，单眼间鬃位于单眼三角形连线的外缘，触角7节。翅狭长，周缘具细长缘毛，腹部扁长。卵长约0.2 mm，长椭圆形，黄白色。

若虫黄白色，3龄时复眼红色。

5. 生活习性

南方世代重叠，终年繁殖。每年为害高峰期为5月下旬至6月中旬、7月中旬至8月上旬、9月3个时期，但以秋季的发生普遍，为害严重。成虫活跃，善飞，怕光，多在嫩梢中取食，少数在叶背为害。雌成虫主要是孤雌生殖，偶有两性生殖；卵散产于叶肉组织内。若虫怕光，到3龄末期停止取食，落在表土化蛹。发育适温为15~32℃，2℃仍生存，但骤然降温易死亡。土壤含水量8%~18%时，最适宜化蛹和羽化。

（七）棉铃虫（玉米穗虫、番茄蛀虫、棉铃实夜蛾）

1. 学　名

Helicoverpa armigera Hübner，为鳞翅目夜蛾科铃夜蛾属昆虫。

2. 寄　主

除菜豆外，还有大豆、豌豆、玉米、番茄、白菜、甘蓝、花生、苜蓿、芝麻、烟草、棉花等多达200种的蔬菜和其他农作物。

3. 为害特征

以卵产在植株的顶梢、花蕾、嫩茎、嫩叶、幼荚上。幼虫孵化后，先在植株表面生活，为害新梢取食嫩叶成缺刻或孔洞；蛀食花蕾和花朵，造成落花、落蕾；有时蛀入茎秆中，导致植株死亡。3龄后开始大量蛀食荚果。

4. 形态识别

成虫体长15~20 mm，翅展27~38 mm。雄蛾前翅灰绿色或青灰色，雌蛾前翅赤褐色或黄褐色，具褐色环状纹及肾形纹，肾形纹前方的前缘脉上有2条褐色斑纹，肾形纹外侧为褐色宽横带，端区各脉间有黑点。外横线外侧有深灰褐色宽带，上有7个小白点。后翅黄白色或浅褐色，端区褐色或黑色。卵半球形，初产时为乳白色，孵化前变为黑褐色，具纵横网格。幼虫体色有浅绿色、浅红色、红褐色、黑紫色等多种，常见的为绿色及红褐色。老熟幼虫体长30~42 mm，头部黄褐色，背线、亚背线和气门上线呈深色纵线，气门白色，前胸2根侧毛的连线与前胸气门下端相切。蛹纺锤形，长10~20 mm，黄褐色。腹部第五至第七节的背面和腹面有

7~8排半圆形刻点，臀棘钩刺2根。

5. 生活习性

以滞育蛹在土中越冬。成虫昼伏夜出，具趋光、趋化性，白天多栖息在植株荫蔽处，傍晚开始活动，取食蜜源植物补充营养、寻偶、交配、产卵。一般都在枝叶幼嫩茂密的植株上产卵，卵散产。初孵幼虫先食卵壳，第二天开始为害生长点和取食嫩叶，第四天转移到幼荚和花；3~4龄幼虫主要为害嫩叶和花；4龄后为害豆荚；5~6龄进入暴食期。幼虫有转移为害的习性。喜温、喜湿，成虫产卵适温在23℃以上，20℃以下很少产卵。幼虫最适发育温度为25~28℃，最适相对湿度为75%~90%。月降水量在100 mm以上、相对湿度70%以上时为害严重。

（八）小地老虎（地蚕、土蚕、黑土蚕、黑地蚕）

1. 学　名

Agrotis ypsilon Rottemberg，为鳞翅目夜蛾科地老虎属昆虫。

2. 寄　主

除豆类外，还有茄果类、瓜类、十字花科蔬菜。

3. 为害特征

刚孵化的幼虫常常群集在幼苗的心叶或叶背上取食，咬食叶片呈小缺刻或网孔状。幼虫3龄后咬断近地面幼苗的茎部，还常将咬断的幼苗拖入洞中，其上部叶片往往露在穴外，使整株死亡，造成缺苗断垄。

4. 形态识别

成虫体长16~23 mm，翅展42~54 mm，体暗褐色。前翅内、外横线均为双线黑色，呈波浪形，前翅中室附近有1个肾状斑和1个环状斑。后翅灰白色，腹部灰色。老熟幼虫体长42~47 mm，头黄褐色，体灰黑色。体背粗糙，布满龟裂状皱纹和黑色微小颗粒。蛹长18~23 mm，赤褐色，有光泽，第五至第七腹节背面的刻点比侧面的刻点大，臀棘为短刺1对。

5. 生活习性

长江流域以老熟幼虫、蛹及成虫越冬。成虫夜间活动、交配产卵，卵产在5 cm以下矮小杂草上。成虫对黑光灯及糖醋酒等趋性较强。老熟幼虫有假死习性，受惊缩成环形。喜温暖及潮湿的条件，最适发育温度为

13~25 ℃。

（九）朱砂叶螨（红蜘蛛、茄红蜘蛛、红叶螨）

1. 学 名

Tetranychus cinnabarinus Boisduval，为真螨目叶螨科。

2. 寄 主

除菜豆外，还有豇豆、大豆、番茄、茄子、黄瓜、葱、蒜等豆科、茄科、葫芦科以及百合科作物。

3. 为害特征

以成螨在叶背面吸食汁液，为害初时叶片正面出现较多白点，几天后叶柄处变红，重则落叶，状如火烧，造成大面积减产或绝收。

4. 形态识别

雌成螨体长 0.42~0.51 mm，宽 0.28~0.32 mm，椭圆形，体色常随寄主而异，多为锈红色至深红色，体背两侧各有 1 块倒"山"形黑褐色斑，肤纹突三角形至半圆形。雄成螨体长 0.26~0.36 mm，宽 0.21~0.23 mm，前端近圆形，腹末稍尖，体色较雌成螨浅，阳具端锤较小，其远近两侧突起皆尖。卵圆球形，长约 0.13 mm，初产无色透明，后渐变为浅黄至深黄色，孵化前转微红。幼螨近圆形，长约 0.15 mm，足 3 对。若螨 4 对足，与成螨相似。

5. 生活习性

世代重叠严重。以成螨在杂草或豌豆、蚕豆等作物上越冬，或在枯枝落叶内、树皮缝、土缝中越冬。春季气温回升至 10 ℃以上，即开始活动并大量繁殖。在长江中下游地区，一般 3—4 月先在杂草或其他寄主上取食，多于 4 月下旬至 5 月上中旬迁入菜田，6—8 月是为害高峰期，10 月中下旬开始越冬。成螨羽化后即交配，一生可多次交配，交配后第二天即可产卵，每雌产卵 50~110 粒，多单产于叶背，卵期 2~13 d。也可营孤雌生殖，其后代全为雄性。幼螨和若螨的发育历期 5~11 d，成螨寿命 19~29 d。适宜生长发育的温度为 10~35 ℃；最适温度为 26~31 ℃，最适相对湿度为 40%~65%。当温度达 32 ℃以上、相对湿度超过 70%时，不利于繁殖，暴雨对虫口密度也有较好的抑制作用。

第三章　菜豆绿色栽培技术研究

第一节　土壤环境改良技术研究

一、蔬菜酸化土壤改良技术研究

(一) 蔬菜酸化土壤现状调查

土壤酸化不仅导致农作物大幅度减产甚至绝收,而且促进重金属等有害物质在农产品中吸收累积,威胁食品安全和民众健康。土壤酸化还会造成植物病害加剧,使得植物多样性和土壤微生物多样性受到影响。化肥的不合理施用会引起土壤环境恶化,不适当地使用化肥也会加重土壤的酸化。浙江省丽水市莲都区蔬菜种植强度和集约化程度较高,近些年,蔬菜土壤酸化表现明显,为了解本区蔬菜土壤酸化程度,制定防控技术措施,特开展了该专项调查。

1. 区域概况

丽水市莲都区位于北纬 28°06′~28°44′,东经 119°32′~120°08′,处浙江省西南部腹地,是"中国生态环境第一市"丽水市政府所在地,为全国蔬菜重点县(区)、省蔬菜强县(区)。冬暖夏热,四季分明,雨量充沛,无霜期长;非常适宜蔬菜生长发育。从 20 世纪 90 年代后期始,蔬菜生产发展迅速,至 2019 年蔬菜播种面积达 $1.15×10^4\ hm^2$,产值 7.7 亿元。土地资源以丘陵、山地为主,占 87.0%;盆地仅为 12.8%,主要位于本区重要蔬菜生产基地的碧湖镇,其菜地土壤以水稻土为主。

2. 调查范围及内容

于 2020 年 6—10 月，选择丽水市莲都区碧湖镇的 15 个村、峰源乡的 6 个村的露地蔬菜基地，分别代表盆地、丘陵山地的调查点，每村布置 10 个或 5 个测点，共 180 个。同时，根据设施菜地不同种植年限选择 40 个测点，测定露地和设施菜地 0~20 cm 土壤的 pH 值，并了解肥料投入、轮作及设施年限等情况。

3. 测定仪器及评价指标

采用 JXBS-3001-SCY-PT 土壤速测仪速测土壤 pH 值。根据全国第二次土壤普查技术规程，将酸性土壤分为 3 级，pH 值 5.5~6.5 为微酸性土壤，pH 值 4.5~5.5 为酸性土壤，pH 值小于 4.5 为强酸性土壤。

4. 结果与分析

（1）露地蔬菜不同地貌土壤 pH 值

从表 3-1 可知，露地蔬菜不同地貌土壤 pH 值均值存在差异，丘陵山地的土壤 pH 值高于盆地；根据本次土壤 pH 值评价指标，所测土壤中酸性土壤、强酸性土壤占全部的 76.7%，其中盆地露地菜地中强酸性土壤占比为 6.0%，而丘陵山地占比为 0；盆地露地菜地中酸性土壤占比为 81.3%，而丘陵山地占比为 23.3%。表明露地菜地中，丘陵山地的蔬菜土壤酸化程度低于盆地。这一结果与调查中发现，丘陵山地的蔬菜种植历史年限短、年种植时间短、肥料投入较少、雨水淋洗强度大有关。

表 3-1　露地蔬菜不同地貌土壤 pH 值

地貌	测点数（个）	最大 pH 值	最小 pH 值	平均 pH 值	标准差	pH 值<4.5		pH 值 4.5~5.5		pH 值 5.5~6.5		pH 值>6.5	
						测点数（个）	占比（%）	测点数（个）	占比（%）	测点数（个）	占比（%）	测点数（个）	占比（%）
盆地	150	6.3	4.3	5.43	0.52	9	6.0	122	81.3	19	12.7	0	0
丘陵山地	30	6.5	5.3	5.66	0.43	0	0	7	23.3	23	76.7	0	0
合计	180	6.5	4.3	5.47	0.48	9	5.0	129	71.7	42	23.3	0	0

（2）设施菜地土壤 pH 值

从表 3-2 可知，设施菜地土壤 pH 值均值为 5.21，比露地菜地低 0.26 个百分点。种植年限 1~2 年、3~4 年、5~6 年、7 年以上设施菜地的 pH 值均值分别为 5.39、5.23、5.14、5.07；最小值为 4.1，测于种植年限 7 年以上的设施菜地，比露地菜地低 0.2 个百分点，且设施菜地的 pH 值随种植年限的增加而降低。所测土壤中，酸性土壤、强酸性土壤占全部的 88%，其中强酸性土壤为 10%；表明设施菜地总体上都呈酸性土壤。这一结果与调查中发现，设施菜地肥料投入上多年连续以鸡粪为主要的生理酸性基肥、生理酸性化肥超量使用、设施菜地复种指数高、盖膜后减少雨水淋洗、水旱轮作少等密切相关。

表 3-2　设施菜地不同种植年限土壤 pH 值

种植年限（年）	测点数（个）	最大 pH 值	最小 pH 值	平均 pH 值	标准差	pH 值<4.5		pH 值 4.5~5.5		pH 值 5.5~6.5		pH 值>6.5	
						测点数（个）	占比（%）	测点数（个）	占比（%）	测点数（个）	占比（%）	测点数（个）	占比（%）
1~2	10	5.9	4.8	5.39	0.58	0	0	8	80	2	20	0	0
3~4	10	5.8	4.6	5.23		0	0	9	90	1	10	0	0
5~6	10	5.6	4.3	5.14		1	10	8	70	1	10	0	0
≥7	10	5.5	4.1	5.07	0.52	3	30	6	70	0	0	0	0
合计	40	5.9	4.1	5.21		4	10	31	78	5	13	0	0

5. 讨　论

土壤 pH 值取决于成土母质和立地条件，同时受到年降水量、耕地深度、施肥量及施肥种类等因素影响。蔬菜土壤酸化与大量肥料特别是生理酸性肥料的施用、有机肥施用量减少、不注重调节土壤酸碱度等土壤管理密切相关。此外，蔬菜土壤次生盐渍化也加快了酸化进程。合理施肥、加强土壤肥力的培育是消减蔬菜土壤酸化的关键。

6. 结　论

采用土壤速测仪现场速测土壤 pH 值，调查丽水市莲都区蔬菜酸化土壤现状。结果表明，220 个蔬菜土壤测点中，有 169 个测点为酸性土壤、强酸性土壤，占比为 76.8%，且设施菜地酸化程度高于露地菜地，丽水市莲都区蔬菜土壤酸化严重。大多数蔬菜作物最适宜生长的 pH 值在 6.5 左右[88]，为此，改良蔬菜酸化土壤的形势紧迫。

（二）施用氰氨化钙对酸化土壤 pH 值的影响

土壤酸化不仅导致农作物大幅度减产甚至绝收，而且促进重金属等有害物质在农产品中吸收累积，威胁国家食品安全和民众健康。土壤酸化还会造成植物病害加剧，使得植物多样性和土壤微生物多样性受到影响[89]。

丽水市莲都区农业产业结构调整后，蔬菜种植面积迅速增加，因多年蔬菜连作种植，化肥使用不合理等，土壤酸化已逐年严重，少部分土壤已不能再种植蔬菜，或者种植蔬菜后产量明显减少，病虫害发生日益严重，严重影响农民的增收，设施环境下的蔬菜土壤酸化尤为明显。目前传统的改良酸性土壤方法是单施生石灰直接中和土壤酸度，但不能解决酸性土壤肥力低和养分缺乏等问题。同时，长期、大量单施生石灰会导致土壤板结和养分不平衡，土壤镁（Mg）、钾（K）缺乏以及磷（P）有效性下降[89]。

目前，农业领域上针对氰氨化钙的研究报道，主要集中在其对设施栽培土壤的改良效果和作物病虫害防治效果等方面，而作为土壤调酸剂和缓释肥在设施蔬菜等大田作物中的应用技术研究则鲜有报道。同时，农业产业的发展，迫切需要培育健康的土壤，提高农作物的抗性，以适宜农作物的健康生长。在此背景下，开展了氰氨化钙不同施用量对酸化蔬菜土壤改良效果的试验，为今后丽水市莲都区蔬菜产业的可持续发展提供技术保障。

1. 材料与方法

（1）试验地概况

试验于 2020 年在 2 个蔬菜基地的设施大棚中进行，供试土壤为水稻土。联城街道陈村试验点，土壤 pH 值 4.20，有机质 33.78 g/kg，全氮 1.57 g/kg，碱解氮 97.55 mg/kg，速效磷 32.47 mg/kg，速效钾 84.27 mg/kg。老竹畲族镇郑丰村试验点，土壤 pH 值 4.62，有机质 35.86 g/kg，全氮 1.62 g/kg，碱解氮 102.15 mg/kg，速效磷 35.23 mg/kg，速效钾 83.17 mg/kg。

（2）试验设计

试验设 4 个处理，3 次重复，共 12 个小区，随机区组排列，小区面积 48 m²；3 个不同氰氨化钙用量，分别为处理 1：1.44 kg；处理 2：2.88 kg；处理 3：4.32 kg；处理 4：0 kg，为对照。试验用氰氨化钙（有效成分≥50%，钙含量 38%），由宁夏大荣实业有限公司提供。深翻土壤 20 cm，均匀撒施氰氨化钙于畦面，再次深翻土壤 20 cm，后滴灌水至

20 cm耕作层湿润为止。

（3）样品采集与测定方法

分别于田间试验布置后 10 d、20 d、30 d，以"S"字形混合采样法，采集 5 点耕层 0~20 cm 土样，将样品装于聚乙烯塑料袋中，贴好标签，带回实验室。依据 NY/T 1121.2—2006《土壤检测　第 2 部分：土壤 pH 的测定》测定土壤 pH 值。

（4）数据分析

试验数据经 Excel 2007 软件处理，采用 DPS 7.05 软件进行显著性检验（$P<0.05$）。

2. 结果与分析

从表3-3 可知，与对照相比，施用 3 种不同数量氰氨化钙的处理，处理 10 d、20 d、30 d 后土壤 pH 值均有显著提高，并随氰氨化钙用量的增加土壤 pH 值有提高趋势；在 3 个时间节点上，10 d 内土壤 pH 值提高较快，以 30 d 后土壤 pH 值提高为最大。其中静远生态农场经 30 d 处理，施用 3 种不同数量氰氨化钙后土壤 pH 值分别比未使用前提高了 0.53、0.75、0.88，且 3 个处理与对照相比差异显著，3 个处理之间也差异显著。正好农场的土壤 pH 值除了处理 2 和处理 3 之间差异不显著外，其余的趋势基本一致。

表3-3　施用不同数量氰氨化钙对酸化土壤 pH 值的影响

处理	静远生态农场（pH 基值 4.20）						正好农场（pH 基值 4.62）					
	10 d 后	与基值比	20 d 后	与基值比	30 d 后	与基值比	10 d 后	与基值比	20 d 后	与基值比	30 d 后	与基值比
处理 1	4.56 b	+0.36	4.62 b	+0.42	4.73 b	+0.53	4.97 b	+0.35	5.08 b	+0.46	5.27 b	+0.65
处理 2	4.69 c	+0.49	4.83 c	+0.63	4.95 c	+0.75	5.16 c	+0.54	5.35 c	+0.73	5.48 c	+0.86
处理 3	4.82 d	+0.62	4.97 d	+0.77	5.08 d	+0.88	5.27 c	+0.65	5.39 c	+0.77	5.51 c	+0.89
处理 4（CK）	4.19 a	-0.01	4.19 a	-0.01	4.18 a	-0.02	4.61 a	-0.01	4.61 a	-0.01	4.60 a	-0.02

注：表中同列数字后不同小写字母表示差异显著（$P<0.05$）。

试验表明，在土壤 pH 值为 4.2 时，每 667 m^2 使用 60 kg 氰氨化钙对消减土壤酸化效果明显，而在土壤 pH 值为 4.62 时，每 667 m^2 使用 40 kg 氰氨化钙对消减土壤酸化效果明显。氰氨化钙本身属碱性肥料，在土壤中又能转化为其他碱性成分，可中和土壤中游离的 H^+，从而能提高土壤 pH 值。

3. 结论与讨论

土壤 pH 值是土壤各化学性质的综合反映，对土壤的微生物活动、有效元素的转化、有机质的合成及土壤有效养分的保持有很大的影响，同时，土壤 pH 值又是土壤众多性状中易变且极易受到耕作、施肥等人为因素影响的土壤性质。氰氨化钙为碱性化学肥料，俗称石灰氮，能有效地中和土壤酸性，为作物提供长效氮肥。同时，氰氨化钙水解反应的中间体氰胺、双氰胺对土壤中微生物及昆虫有很强的杀灭和驱避作用，对鱼和蜜蜂没有毒性。作为一种理想的无公害土壤改良剂，安全卫生、无残留、对环境不造成污染。

酸化土壤中游离的 H^+ 增加，土壤的交换性酸也增加。由于设施蔬菜土壤特定的环境条件，以及多年蔬菜连作种植，化肥使用不合理，土壤酸化更为严重。本次试验地块为酸性土壤，施入氰氨化钙 30 d 后，土壤 pH 值较施用前有显著提升，改良为较适合蔬菜生长的土壤，调酸效果十分明显。至于施入氰氨化钙的数量，可根据土壤酸化程度不同，合理选择适宜的用量。建议土壤 pH 值为 4.5 以下时，每 667 m^2 使用 60 kg 氰氨化钙；土壤 pH 值为 4.5 以上时，每 667 m^2 使用 40 kg 氰氨化钙。以后再逐步调整到适宜所种植蔬菜的土壤 pH 值。

为确保氰氨化钙的调酸效果，应把握好施用时间。设施蔬菜酸化土壤施入氰氨化钙的最佳时机为 7—8 月，此时一般为蔬菜设施的休闲期，土壤覆膜后可利用太阳能的高温促进减酸的效果。因使用氰氨化钙也会杀灭或者抑制土壤中有益微生物，调酸结束后应配合增施有机肥、生物菌肥、黄腐酸类等调理土壤，以提高土壤中有益微生物种群，改良土壤理化结构，提高土壤肥力及缓冲能力。

（三）不同有机肥与化肥作为菜豆基肥试验

丽水市莲都区山地菜豆生产因受限于耕地资源和种植习惯而连作较严重，菜豆基肥常以鸡粪和速效化肥为主，导致土壤酸化、土壤次生盐渍化较为严重。为此于 2020 年在丽水市莲都区峰源乡尤源村蔬菜基地进行不同有机肥与化肥作为菜豆基肥的试验，以期筛选出较为适宜的菜豆基肥方案，为种植户在菜豆基肥使用上提供选择参考。

1. 材料与方法

（1）主要试验材料及试验地概况

试验材料：有机肥为鸡粪（龙游产散装，经发酵后使用），商品有机肥（宁夏伊品生物科技股份有限公司生产，贝特生物有机肥，有机质 ≥ 40%，pH 值 6.1，不含鸡粪）；化肥为长效复合肥恩泰克（$m_N : m_P : m_K = 22 : 7 : 11$），富岛速效复合肥（$m_N : m_P : m_K = 17 : 17 : 17$）。试验地位于尤源村的山地，海拔高度约 930 m，土壤为黏壤土，有机质含量为 32.7 g/kg，有效磷含量为 67.3 mg/kg，速效钾含量为 101.7 mg/kg，碱解氮含量为 138.4 mg/kg，水溶性盐总量为 2.73 g/kg，pH 值为 5.31。

（2）试验设计

试验设 4 个处理（表 3-4），3 次重复，共 12 个小区，随机区组排列，小区面积 12.6 m²；基肥沟施后覆膜，4 月 26 日播种丽芸 2 号，穴播，每畦 2 行，小行距 50 cm，株距 40 cm，穴距 40 cm，每穴播种 4 粒，播后盖土 1~2 cm。5 月 5 日补苗，每穴留 3 株健壮苗。始收后采用水肥一体化技术追肥，每 667 m² 施高钾型复合肥 10 kg；采收盛期每隔 10~15 d 施肥 12.5 kg。

表 3-4　试验不同基肥处理情况

处理	基肥名称及数量
处理 1（CK）	鸡粪 1 500 kg+51%速效化肥 25 kg+硼砂 1.5 kg+硫酸镁 8 kg
处理 2	鸡粪 1 500 kg+40%缓释肥料 25 kg+硼砂 1.5 kg+硫酸镁 8 kg
处理 3	商品有机肥 450 kg+51%速效化肥 25 kg+硼砂 1.5 kg+硫酸镁 8 kg
处理 4	商品有机肥 450 kg+40%缓释肥料 25 kg+硼砂 1.5 kg+硫酸镁 8 kg

（3）样品采集与测定方法

播种后 15 d 调查出苗率，播种后 15 d、25 d、35 d 每小区随机选择 3 穴作为样本，测定株高和茎粗。始收后 10 d，每小区随机选择 2 穴，每穴采收 10 个商品嫩荚，测定荚长、荚宽、荚厚、单荚重等。记录各小区的产量。全部采收结束后 10 d，以"S"形混合采样法，每小区采集 5 点耕层 0~20 cm 土样，依据 NY/T 1121.2—2006《土壤检测　第 2 部分：土壤 pH 的测定》和 NY/T 1121.16—2006《土壤检测　第 16 部分：土壤水溶性盐总量的测定》分别测定土壤 pH 值和水溶性盐总量。

（4）数据分析

采集的数据经 Excel 2007 处理，采用 DPS 7.05 软件进行显著性检验（$P<0.05$）。

2. 结果与分析

从表 3-5 可知，与对照处理 1 相比，处理 3 和处理 4 在出苗率、荚宽、单荚重、产量指标上均有显著提高，且土壤 pH 值显著增加、水溶性盐总量显著降低。处理 4 产量显著高于处理 3。处理中使用含有鸡粪的组合基肥在出苗率、果荚性状、产量指标、土壤 pH 值、水溶性盐总量表现不良，推测与所用新鲜鸡粪酸性较重且水溶性盐总量较高有关。至于处理 4 产量明显增加，推测与试验所使用的恩泰克复合肥是一种添加了硝化抑制剂的稳定性长效复合肥料有关。

表 3-5　不同基肥处理对菜豆植物学性状和土壤 pH 值、水溶性盐总量的影响

处理	出苗率（%）	荚长（cm）	荚宽（cm）	荚厚（cm）	单荚重（g）	产量（kg）	pH 值	水溶性盐总量（g/kg）
处理 1（CK）	85.5 a	19.3 a	1.0 a	0.86 a	10.5 a	31.2 a	5.09 a	3.07 b
处理 2	86.7 a	19.0 a	1.0 a	0.87 a	10.6 a	31.7 a	5.11 a	3.02 b
处理 3	91.7 b	19.5 a	1.1 b	0.87 a	11.3 b	34.2 b	5.24 b	2.78 a
处理 4	92.1 b	19.7 a	1.1 b	0.88 a	11.4 b	36.6 c	5.27 b	2.81 a

注：表中同列数字后不同小写字母表示差异显著（$P<0.05$），下同。

肥料包衣或在肥料中加入硝化抑制剂等缓/控释肥，能有效提高肥料的养分利用率，减少肥料用量[90-93]。恩泰克复合肥是一种在含铵态氮的肥料中添加了硝化抑制剂 DMPP 的稳定性长效复合肥料，可以抑制铵态氮向硝态氮的转化，使更多的铵态氮被土壤胶体吸附，减少硝态氮的淋失，从而提高养分利用率，有利于促进作物生长。长效复合肥的肥效时长一般较速效化肥多 10 d 左右，且长效复合肥的肥效利用率高于速效复合肥。添加了硝化抑制剂的长效复合肥料具有肥料损失少、利用率高、肥效长、对环境友好的优点，还可使养分供应与作物吸收养分同步适应，从而提高蔬菜品质和产量。

3. 结　论

试验以商品有机肥基肥替代鸡粪、控释化肥替代速效化肥为基肥使用，在减少27.5%的速效化肥使用量的基础上，不仅可以缓解土壤酸化、土壤次生盐渍化的进程，还可促进植株生长、提高产量。缓/控释化肥具有养分缓释、肥效好，在水中不易分解，肥效持久，耐水冲刷，不污染水资源等优点，值得大力推广。

（四）NCD-2微生物菌肥不同用量对菜豆生物学性状及产量的影响

丽水市莲都区蔬菜土壤酸化表现明显，为改良酸化土壤，生产者常以单施生石灰的方法直接中和土壤酸度，近年有的改用氰氨化钙替代生石灰，并取得优于生石灰的改良效果。但使用生石灰、氰氨化钙改良酸化土壤，同时也会杀灭或者抑制土壤中有益微生物，在一定程度上破坏了原有的微生物系统。为此，在改良酸化土壤后，生产者会配合施用微生物菌肥、土壤调节剂，以平衡土壤中微生物种群，提高有益微生物种群，改善土壤理化结构，提高土壤肥力。

微生物菌肥是以添加有效微生物菌来改善土壤环境的功能性肥料，微生物菌肥能够增加土壤微生物量，修复作物根际土壤环境，能够不断地为作物提供必要养分，增加作物对氮、磷元素的增溶，促进作物根系对土壤养分的吸收来提高作物的产量与品质。还具有增加土壤肥力，改善土壤结构，增强作物抗逆性，提高作物品质，提高化肥利用率等效果。NCD-2微生物菌肥有效菌种为枯草芽孢杆菌、胶冻样类芽孢杆菌，其中枯草芽孢杆菌具有抑制植物病原菌的作用从而增强植物的抗病性能，并产生类似细胞分裂素、植物生长激素的物质从而促进植物的生长。为此，本试验选择NCD-2微生物菌肥，以不施微生物菌肥为对照，设置3个用量，研究其对菜豆生物学性状和产量的变化特征，为NCD-2微生物菌肥的应用和菜豆的高品质栽培提供参考。

1. 材料与方法

（1）试验材料

供试菜豆品种为丽芸2号；试验微生物菌肥为NCD-2微生物菌肥，

由保定市科绿丰生化科技有限公司生产，有效菌含量≥5亿个/g，有效菌种为枯草芽孢杆菌、胶冻样类芽孢杆菌。与微生物菌肥配合使用的土壤调理剂为地还童，由北京嘉博文生物科技有限公司生产，有机物总量≥85%，有机质≥75.0%。

（2）试验地概况

试验于 2021 年在浙江省丽水市莲都区进行，该地年平均气温为 18.4 ℃，年平均降水量 1 406.0 mm，年平均日照时数 1 624.5 h。试验地设在丽水市莲都区老竹畲族镇榴溪村，海拔高度约 190 m，土壤类型为水稻土，播种前 25 d 使用氰氨化钙进行土壤调酸处理，每 667 m² 使用 40 kg 氰氨化钙，土壤 pH 值由 4.93 提升到 5.68。土壤基础肥力为：有机质含量 37.6 g/kg，碱解氮为 113.5 mg/kg，速效磷含量为 38.7 mg/kg，速效钾含量为 81.3 mg/kg。

（3）试验设计

在常规基肥使用基础上，试验以不施微生物菌肥为对照（CK），设置 3 个微生物菌肥用量，分别为 3.5 kg/667 m²（处理 1），2.5 kg/667 m²（处理 2），1.5 kg/667 m²（处理 3），小区面积 15 m²，3 次重复，随机区组排列。

（4）试验方法

试验于 2021 年 5 月 3 日播种，每畦 2 行，小行距 50 cm，穴距 55 cm，每穴播种 3 粒，播后盖土 1~2 cm。基肥播种前 5 d 施入，每 667 m² 施商品有机肥 300 kg、复合肥 25 kg、土壤调理剂为地还童（有机物总量≥85%，有机质≥75.0%）40 kg，微生物菌肥按试验设计用量与基肥一次性混施后做畦。

（5）田间管理

播后盖土 1~2 cm。出苗 10 d 间苗、补苗，每穴留 3 株健壮苗。其他田间管理按菜豆常规栽培管理。

（6）测定指标及方法

始收后记录各小区的产量，并于始收后的 10 d 内，每小区随机选择 3 穴，每穴采收 10 个商品嫩荚，测定荚长、荚宽、荚厚、单荚重。

（7）数据分析

试验数据经 Excel 2007 处理，采用 DPS 7.05 软件进行显著性检验

（*P*<0. 05）。

2. 结果与分析

（1）施用不同用量 NCD-2 微生物菌肥对菜豆生物学性状的影响

由表 3-6 可知，不同用量微生物菌肥对菜豆生物学性状影响有所差异。荚长随微生物菌肥用量的增加呈逐渐升高的趋势，各荚长均显著长于 CK，处理 1、处理 2 和处理 3 分别比 CK 长 10.3%、9.1% 和 5.1%；所有处理荚长表现为处理 1>处理 2>处理 3>CK，与 CK 都有显著差异，但处理 1 与处理 2 差异不显著。荚宽随微生物菌肥用量的增加呈逐渐升高的趋势，但在显著性差异上与荚长有所区别，除处理 3 与 CK 没有显著差异外，其余处理均显著高于 CK。荚厚、单荚重也是随微生物菌肥用量的增加呈逐渐增加的趋势，其趋势和荚宽相似，其中处理 3 的最大。

表 3-6　不同用量 NCD-2 微生物菌肥对菜豆生物学性状的影响

处理	荚长（cm）	荚宽（cm）	荚厚（cm）	单荚重（g）
处理 1（3.5 kg/667 m²）	19.3 c	1.03 b	0.87 b	11.3 b
处理 2（2.5 kg/667 m²）	19.1 c	1.02 b	0.86 b	11.2 b
处理 3（1.5 kg/667 m²）	18.4 b	0.96 a	0.81 a	10.7 a
CK（不施菌肥）	17.5 a	0.93 a	0.80 a	10.5 a

（2）施用不同用量 NCD-2 微生物菌肥对菜豆产量的影响

由表 3-7 可知，与对照 CK 相比，施用微生物菌肥提高了菜豆的产量，产量随微生物菌肥用量的增加呈逐渐增加的趋势，除处理 3 与 CK 没有显著差异外，其余处理均显著高于 CK，处理 1 和处理 2 分别比 CK 增加 12.0% 和 9.9%；所有处理产量表现为处理 1>处理 2>处理 3>CK，但微生物菌肥的处理 1 和处理 2 间差异不显著，说明一定范围内增施微生物菌肥对菜豆产量有显著增加作用，继续增施增产效果不显著。

表 3-7　施用不同用量 NCD-2 微生物菌肥对菜豆产量的影响

处理	小区产量（kg）	折合产量（kg/667 m²）	比 CK 增幅（%）
处理 1	37.2 b	1 654.2	12.0
处理 2	36.5 b	1 623.0	9.9

（续表）

处理	小区产量（kg）	折合产量（kg/667 m²）	比 CK 增幅（%）
处理 3	34.7 a	1 543.1	4.5
CK（不施菌肥）	33.2 a	1 476.3	

3. 讨 论

微生物菌肥通过特定微生物的生命活动直接或间接为植物提供生长发育所需营养元素，抑制病原微生物，降低病虫害发生。还通过微生物自身的生命活动增强土壤通气性，减少土壤相对容重，提高土壤中有机—无机团聚体的含量，促进土壤团粒结构形成，使板结的土壤疏松透气，改善土壤物理性质，促进作物根系的生长。本研究结果表明，微生物菌肥显著增加了菜豆荚长、荚宽、荚厚、单荚重、小区产量。一方面，微生物菌肥的施入增加土壤有机质含量，促进了土壤团粒结构形成，提高了土壤养分含量，为植株根系的生长创造了良好的空间和物质基础，有利于根系对水分、养分的吸收，从而促进植株地上部及根部的生长，产量的增加。另一方面，微生物菌肥中含有的生物菌在生命活动中，直接或间接为植物提供生长发育所需营养元素，抑制病原微生物，降低病虫害发生，能够产生胞外酶、维生素、泛酸等物质，刺激植物生长。本研究中，NCD-2 微生物菌肥施用量为 1.5 kg/667 m² 时，荚宽、荚厚、单荚重和小区产量与不施用的差异不显著，说明用量过低不能显著促进菜豆生长。同时，用量为 2.5 kg/667 m² 和 3.5 kg/667 m² 时，荚长、荚宽、荚厚、单荚重和小区产量差异不显著，说明用量过高不能显著促进菜豆生长；在一定范围内微生物菌肥对作物生长的增益效果明显。

4. 结 论

以不施微生物菌肥为对照，设置 3 个微生物菌肥用量，结果表明，随微生物菌肥用量的增加，菜豆荚长、荚宽、荚厚、单荚重和产量呈逐渐增加的趋势。其中以 NCD-2 微生物菌肥施用量为 2.5 kg/667 m² 时，菜豆荚长、荚宽、荚厚、单荚重和产量与对照差异显著，说明在 NCD-2 微生物菌肥施用量为 2.5 kg/667 m² 时，对菜豆增产效果显著。

二、蔬菜次生盐渍化土壤改良技术研究

(一) 蔬菜土壤次生盐渍化现状调查

土壤盐渍化与次生盐渍化是当今世界土壤退化的主要问题之一[94]，过量施用化肥及不合理的灌溉管理措施造成土壤次生盐渍化等问题，从而导致蔬菜等作物产量、品质降低，不仅造成了水分和肥料的大量浪费，同时也产生了突出的生态与环境问题[76]。土壤次生盐渍化在设施栽培中比较常见；随着蔬菜产业的发展，由于蔬菜种植的高强度和集约化，露地蔬菜种植也出现不同程度的土壤次生盐渍化危害[75]。为了解莲都区蔬菜土壤次生盐渍化程度，制定防控技术措施，特开展该专项调查。

1. 区域概况

丽水市莲都区位于北纬 28°06′~28°44′，东经 119°32′~120°08′，处浙江省西南部腹地，是"中国生态环境第一市"丽水市政府所在地，为全国蔬菜重点县、省蔬菜强县。冬暖夏热，四季分明，雨量充沛，非常适宜蔬菜生长发育。从 20 世纪 90 年代后期始，蔬菜生产发展迅速，至 2015 年蔬菜播种面积达 $1.27×10^4$ hm^2，产值 6.8 亿元。土地资源以丘陵、山地为主，占 87.0%；盆地仅为 12.8%，主要位于本区重要蔬菜生产基地的碧湖镇，菜地土壤以水稻土为主。

2. 调查范围及内容

于 2016 年 6—8 月，选择丽水市莲都区的碧湖镇及大港头镇的 12 个村、雅溪镇及峰源乡的 6 个村蔬菜基地，分别代表盆地、丘陵山地的调查点，每村布置 5 个或 10 个采样点，共 170 个。调查露地和设施菜地 0~20 cm土层的盐分，同时了解肥料投入、轮作及设施年限等情况。

3. 测定仪器、方法及评价指标

(1) 测定仪器

PNT 3000 土壤盐度计，购于北京博普特科技有限公司，由德国STEPS 公司生产。该仪器由传感器和显示屏两大部分组成，传感器由不锈钢电极和热敏电阻两部分组成。测定原理：将传感器插入被测土壤后，接收的被测土壤阻抗信号转换成与之对应的线性电压信号，最终转换成土壤

中的 PNT-value（活度盐分）显示于与传感器连接的显示屏上，即完成原位盐分的测定。该仪器一键启动即可完成所有操作，适合野外原位土壤盐分测定作业。

（2）测定方法

该仪器原本所测值为原位土壤的 PNT-value（活度盐分），不适应本调查的土壤盐分测定作业，为此，经取样、土样混匀、置入原土样等容积的容器、压实4个改进程序后，再以盐度计法测定容器中土样的盐分，以不同点位所测数值趋于稳定时，即为 0~20 cm 土壤的 PNT-value。

（3）评价指标

测量活度盐分方法已在植物营养控制领域广泛应用，通常适宜蔬菜生长的土壤 PNT-value 范围为 0.1~0.7 g/L，但具体到不同种类的要求有所不同。经咨询经销商和生产商得知，PNT-value≥1 g/L 时，表明所测土壤为盐渍土，否则为非盐渍土。

4. 结果与分析

（1）露地蔬菜不同地貌土壤的活度盐分

从表 3-8 可知，露地蔬菜不同地貌土壤的活度盐分均值存在差异，且盆地高于丘陵山地；以≥1 g/L 为盐渍土指标，所测土壤中，38.3%的盆地露地菜地为盐渍土，而丘陵山地仅为 16.7%；表明露地菜地中，丘陵山地的次生盐渍化程度低于盆地。这一结果与调查中发现，丘陵山地的蔬菜种植历史年限短、年种植时间短、肥料投入少、雨水淋洗强度大有关。

表 3-8　露地蔬菜不同地貌土壤的活度盐分表现

| 地貌 | 土样数（个） | 活度盐分（g/L） | | | 标准差 | 活度盐分<1 g/L | | 活度盐分 1~2 g/L | |
		最大值	最小值	平均值		土样数（个）	占比（%）	土样数（个）	占比（%）
盆地	60	1.78	0.51	0.95	0.23	37	61.7	23	38.3
丘陵山地	30	1.26	0.43	0.75	0.20	25	83.3	5	16.7
合计	90	1.78	0.43	0.89	0.24	62	68.9	28	31.1

（2）设施菜地不同种植年限土壤的活度盐分

从表 3-9 可知，设施菜地不同种植年限土壤活度盐分均值为

1. 80 g/L，为露地菜地的 1.84 倍。种植年限 1~2 年、3~4 年、5~6 年、7 年以上设施菜地的均值分别为 1.09 g/L、1.62 g/L、2.07 g/L、2.65 g/L；最大值为 5.37 g/L，测于种植年限 7 年以上的设施菜地，为露地菜地最大值的 3.02 倍，且设施菜地的活度盐分随种植年限的增加而增加。以活度盐分 ≥1 g/L 为盐渍土指标，所测土壤中，93.8% 的设施菜地为盐渍土，表明设施菜地总体上都呈现次生盐渍化。这一结果与调查中发现，设施菜地肥料投入上多年连续以鸡粪为主要基肥、化肥超量使用后土壤盐分积累、设施菜地复种指数高、盖膜后减少雨水淋洗、水旱轮作少等有关。

表 3-9　设施菜地不同种植年限土壤的活度盐分表现

种植年限（年）	土样数（个）	活度盐分（g/L）			标准差	不同活度盐分的土样数（个）				活度盐分 ≥1 g/L 占比（%）
		最大值	最小值	平均值		<1 g/L	1~2 g/L	2~4 g/L	4~8 g/L	
1~2	20	1.38	0.81	1.09	0.14	4	16	0	0	80
3~4	25	2.24	0.87	1.62	0.37	1	18	6	0	96
5~6	20	2.71	1.29	2.07	0.32	0	8	12	0	100
≥7	15	5.37	1.51	2.65	1.15	0	5	8	2	100
合计	80	1.38	0.81	1.80	0.77	5	47	26	2	94

5. 讨　论

土壤次生盐渍化是由于人为活动不当，使原来非盐渍化的土壤发生了盐渍化或增强了原土壤盐渍化程度的过程[73]。国内外土壤盐渍化评价技术与方法有样品分析法、物探试验法、遥感信息技术法[95]。测定可溶性盐总量是评价土壤次生盐渍化的主要依据。常用的方法有残渣烘干法和电导法，其中残渣烘干法较为准确，但操作繁杂，较浪费能源和时间[96]；利用电导率计算含盐量的方法较为简便，但受土壤含水量的影响[97]。

经比对，本研究测定的定性结论与电导法的相同。至于能否利用土壤盐度计对盐渍土细分及如何细分有待今后的进一步研究。

6. 结　论

采用 PNT 3000 土壤盐度计现场测定菜地盐分，调查丽水市莲都区蔬菜土壤次生盐渍化现状。结果表明，170 个蔬菜土壤样点中，有 60.6% 的样点为盐渍土，其中设施菜地样点中 93.8% 为盐渍土。确定丽水市莲都区蔬菜土壤已趋于次生盐渍化，其中设施菜地已经次生盐渍化。同时，表明本研究采用土壤盐度计法评价土壤盐渍化，方法简便、快速、低成本，不失为一种快捷估测土壤盐渍化的新方法。

（二）种植甜玉米对次生盐渍化菜地土壤的除盐效果

土壤盐渍化与次生盐渍化是当今世界土壤退化的主要问题之一[98]，土壤的盐碱化是世界范围内影响作物产量的重要非生物逆境[94]。一般情况下，土壤次生盐渍化在设施栽培中比较常见；随着蔬菜产业的发展，由于蔬菜种植的高强度和集约化，露地蔬菜种植也出现不同程度的土壤次生盐渍化危害[75]。丽水市莲都区地处浙江西南山区，是全国蔬菜重点县（区），浙江省蔬菜强县（区），蔬菜生产中日益严重的次生盐渍化土壤急需改良。高密度种植甜玉米，降低土壤盐分，改良土壤次生盐渍化已有报道，但以常规种植规格种植甜玉米改良菜地土壤次生盐渍化的研究鲜有报道。为此开展本试验，以期确定种植甜玉米对菜地土壤的除盐效果及适宜的种植技术。

1. 材料与方法

（1）试验地概况

试验于 2016 年在丽水市莲都区郎奇村蔬菜基地的连栋大棚内进行，该棚已连续 4 年种植蔬菜，上茬为番茄，年休闲期为 6 月中下旬至 9 月。土壤为重壤质，土壤表层干燥时有明显的白色返盐并板结表象，破碎后呈灰白色粉状，呈典型的土壤次生盐渍化状况。该土壤有机质 14.6 g/kg，有效磷 394.2 mg/kg，可溶性盐分含量为 6.2 g/kg，Na^+ 含量为 219 mg/kg，Cl^- 含量为 623.8 mg/kg，速效钾含量为 133 mg/kg，pH 值 7.88。

（2）试验设计

试验以金华双依种子有限公司提供的双依甜玉米（*Zea mays* L. *saccharata* Sturt 'Shuangyi'）为材料，小区面积 32 m^2，畦面宽 1.2 m，每畦种 2 行，行距 60 cm；穴播干籽 2 粒，设 3 个不同株距处理（处理1、处理2、处理3），分别为 10 cm、20 cm、30 cm；3 次重复，随机区组排列，以休闲田为对照。6 月 26 日播种。试验期大棚揭膜，不施肥料；出苗后灌溉水 5 次。8 月 18 日收获，整个生育期 53 d。

（3）样品采集与测定方法

于播种日和收获日采土样 2 次。以 "S" 形混合采样法，采集耕层 0~20 cm 土样，每小区取 5 点混合样，共 3 份平行样。两次土壤均测定速效钾、硝酸根、硫酸根、钙钾镁钠氯离子、可溶性盐含量。收获日以整株采集植株样，每处理随机取 20 株，现场称鲜重；挑选 5 株带回实验室，测株高、根长、鲜重、干重和氮磷钾含量。

（4）数据分析

试验数据经 Excel 2007 处理，采用 DPS 7.05 软件进行显著性检验（$P<0.05$）。

2. 结果与分析

（1）不同处理对 0~20 cm 土壤盐基离子及可溶性盐含量的影响

从表 3-10 可知，与对照相比，3 种处理 0~20 cm 土壤盐基离子含量都显著降低；其中钙、镁、钾、钠 4 种盐基阳离子分别平均降低 24.2%、17.9%、20.1%、33.2%；硝酸根、硫酸根、氯离子 3 种盐基阴离子分别降低 41.9%、38.8% 和 35.4%；阴离子平均降幅是阳离子的 1.62 倍。3 种处理土壤 K^+/Na^+ 均有显著增加，其增幅都在 16.7% 以上；但以处理 1 增幅最大，为 21.5%。3 种处理均能降低 0~20 cm 土壤 36.2% 以上的盐含量，但以处理 3 除盐效果最佳，较对照降低 46.6%。

表 3-10　不同处理对 0~20 cm 土壤中盐基离子及可溶性盐含量的影响

处理	盐基离子含量（mg/kg）							土壤盐含量（g/kg）	除盐率（%）	K^+/Na^+	K^+/Na^+ 增幅（%）
	Na^+	Ca^{2+}	K^+	Mg^{2+}	NO_3^-	SO_4^{2-}	Cl^-				
CK	217 a	413 a	131 a	71 a	125 a	94 a	612 a	5.8 a		0.604 c	
处理 1	143 b	309 d	105 b	58 b	71 b	57 b	395 b	3.7 b	36.2	0.734 a	21.5
处理 2	146 b	313 c	103 b	59 b	73 b	58 b	393 b	3.6 b	37.9	0.705 b	16.7
处理 3	146 b	317 b	106 b	59 b	74 b	58 b	400 b	3.1 c	46.6	0.726 ab	20.2

注：表中同列数字后不同小写字母表示差异显著（$P<0.05$），下同。

可见，种植甜玉米后土壤盐含量显著降低，与其吸收盐分离子，特别是与吸收次生盐渍化土壤中的硝酸根、硫酸根、氯离子这 3 种重要盐基阴离子以及钠盐基阳离子的能力关系较为密切。同时，土壤 K^+/Na^+ 增加，促进作物的生长和产量的增加。

（2）不同处理对甜玉米生物学性状的影响及秸秆还田后带入的养分情况

从表3-11可知，收获时3种处理株高、根系深度、鲜重和干重之间存在差异；但处理3及处理2总体生长性状优于处理1。每667 m²生物量差异显著，但都在2 496.4 kg以上，其中处理1最高，其次为处理2。

由于生长空间等因素，不同处理对甜玉米的生物学性状有明显影响，密度低有利于个体的生长，密度高有利于总体的生物学产量。甜玉米秸秆的高产量及高氮钾含量，可作为牧草，或还田为土壤带入养分。3种处理每667 m²生物量还田相当于施用23.0~33.7 kg尿素、33.1~48.5 kg过磷酸钙和14.5~21.1 kg硫酸钾的化肥氮磷钾养分。

表3-11　不同处理对甜玉米生物学性状的影响及秸秆还田后带入的养分情况

| 处理 | 生物学性状 | | | | | |
	株鲜重（g）	株干重（g）	平均株高（cm）	根系深度（cm）	含水量（%）	生物量（kg/667 m²）
处理1	197.1 c	24.4 c	204.0 a	11.8 b	87.6	3 352.0 a
处理2	293.9 b	34.3 b	191.2 b	12.4 b	88.3	2 645.9 b
处理3	356.5 a	40.3 a	201.5 a	15.6 a	88.7	2 496.4 b

| 处理 | 生物量及秸秆还田后带入的养分情况 | | | | | |
| | 养分含量（%） | | | 秸秆还田相当于化肥用量（kg/667 m²） | | |
	全氮	全磷	全钾	尿素	过磷酸钙	硫酸钾
处理1	3.73	0.817	2.03	33.7	48.5	21.1
处理2	3.72	0.819	2.05	25.0	36.2	15.9
处理3	3.75	0.821	2.05	23.0	33.1	14.5

3. 结　论

本试验以3种不同种植规格种植甜玉米，均可在较短时间内显著降低0~20 cm土壤盐分36.2%以上，改良效果明显；其中以常规种植方式的除盐效果最好，为41.4%。同时甜玉米秸秆可作为牧草和绿肥，最终还田可改善土壤质地，增强土壤保肥供肥能力，减少化肥投入，促进改良土壤次生盐渍化的良性循环系统构建。可见，种植甜玉米可作为改良土壤次生盐渍化的重要技术措施，特别是常规种植规格在种植时间上稍作延长，即可收获甜玉米及其秸秆，更利于农民的接受和技术的推广。

（三）墨西哥玉米牧草不同播种量对早期产量的影响及对土壤的除盐效果

土壤盐渍化与次生盐渍化是当今世界土壤退化的主要问题之一[94]，土壤的盐碱化是世界范围内影响作物产量的重要非生物逆境[98]。我国盐渍土总面积约 $3.3 \times 10^7 hm^2$，特别是沿海地区，土地盐碱化、盐渍化十分严峻[99]。一般情况下，土壤次生盐渍化在设施栽培中比较常见；随着蔬菜产业的发展，由于蔬菜种植的高强度和集约化，露地蔬菜种植也出现不同程度的土壤次生盐渍化危害[75]。禾本科牧草因其具有较强的生态适应性，较高的产量和饲用价值，成为盐碱地改良的首选牧草[100]。种植 C_4 类禾本科牧草是一种较为理想的生物除盐措施[101]，甜玉米作为填闲作物，可降低土壤剖面电导率，延缓由于降雨或灌水而造成大部分盐分向深层次土壤淋失的风险[102]。丽水市莲都区地处浙江西南山区，是全国蔬菜重点县（区），浙江省蔬菜强县（区），蔬菜生产中日益严重的次生盐渍化土壤急需改良，本试验研究种植墨西哥玉米牧草改良蔬菜土壤次生盐渍化的效果，以期确定其对蔬菜土壤的除盐效果及适宜的播种量。

1. 材料与方法

（1）试验地概况

试验于丽水市莲都区郎奇村蔬菜基地的连栋大棚内进行，该棚已连续4年种植蔬菜，上茬为番茄，年休闲期为6月中下旬至9月。土壤为重壤质，土壤表层干燥时有明显的白色返盐并板结表象，破碎后呈灰白色粉状，呈典型的土壤次生盐渍化状况[101]。土壤有机质 14.6 g/kg，有效磷 394.2 mg/kg，可溶性盐分含量为 6.2 g/kg，Na^+ 含量为 219 mg/kg，Cl^- 含量为 623.8 mg/kg，K^+ 含量为 133 mg/kg，pH 值 7.88。

（2）试验设计

试验以草优12墨西哥玉米牧草为材料，小区面积 32 m²，畦面宽 1.2 m，每畦种2行，条播，行距 60 cm，设3个不同播种量处理（处理1、处理2、处理3），分别为 100 g、150 g、200 g；3次重复，随机区组排列，以休闲田为对照。6月26日播种。试验期大棚揭膜，不施肥料；出苗后灌溉水 5 次。8 月 18 日收获，整个生育期 53 d。

（3）样品采集与测定方法

分别于播种日和收获日采集土样 2 次。以"S"形混合采样法，采集耕层 0~20 cm 土样，每小区取 5 点混合样，共 3 份平行样。两次土壤均测定速效钾、硝酸根、硫酸根、钙钾镁钠氯离子、可溶性盐含量。收获日以整株采集植株样，每处理随机取 20 株，现场称鲜重；挑选 5 株带回实验室，测株高、根长、鲜重、干重和氮磷钾含量。土壤中各项指标的测定参考《土壤农化分析》。

（4）数据分析

试验数据经 Excel 2007 处理，采用 DPS 7.05 软件进行显著性检验（$P<0.05$）。

2. 结果与分析

（1）不同播种量对墨西哥玉米牧草生物学性状的影响

3 种不同处理的株高、根系深度、株鲜重和株干重之间存在差异。处理 1、处理 2 的株高显著高于处理 3；处理 2 与处理 3 的根系深度差异显著；3 个处理之间株鲜重差异显著（表 3-12）。根系深度、鲜重、干重由高至低呈现为处理 2>处理 1>处理 3 的趋势。试验表明不同播种量处理，由于生长空间等因素，对墨西哥玉米牧草的生物学性状有明显影响，但处理 2 总体生长性状良好。

表 3-12　墨西哥玉米牧草不同播种量的生物学性状调查

处理	平均株高（cm）	根系深度（cm）	株鲜重（g）	株干重（g）	含水量（%）
处理 1	154.6 a	12.3 ab	101.4 b	12.9 b	87.3
处理 2	155.3 a	13.1 a	127.3 a	14.3 a	88.8
处理 3	139.7 b	11.9 b	78.5 c	9.6 c	87.7

（2）不同播种量对 0~20 cm 土壤盐含量的影响

3 种播种量处理，与对照相比，0~20 cm 土壤盐含量差异显著；处理 1 与处理 3 之间差异不显著；但 3 种播种量处理均能降低 0~20 cm 土壤 32.8% 以上的盐含量；其中以处理 2 除盐效果最佳，较对照降低 41.4%；其次是处理 3，降低 34.5%（表 3-13）。

表 3-13　不同播种量对 0~20 cm 土壤盐含量的影响

处理	土壤盐含量（g/kg）	除盐率（%）（与 CK 比较）
处理 1	3.9 b	32.8
处理 2	3.4 c	41.4
处理 3	3.8 b	34.5
CK	5.8 a	
基础值	6.2	

（3）不同播种量对 0~20 cm 土壤中盐基离子含量的影响

从表 3-14 可知，与对照相比，3 种播种量处理 0~20 cm 土壤盐基离子含量都显著降低。钙、镁、钾、钠 4 种盐基阳离子含量分别平均降低 20.7%、16.9%、22.4%、30.4%；硝酸根、硫酸根、氯离子 3 种盐基阴离子分别降低41.3%、35.4% 和 38.5%；钠离子降幅都在 29.5% 以上；其中处理 2 钠离子降幅最大，31.3%，其次处理 1，降幅 30.4%，处理 3 降幅为 29.5%。阴离子平均降幅是阳离子的 1.70 倍。可见，种植墨西哥玉米牧草后土壤盐含量显著降低，与其吸收盐分离子，特别是与吸收次生盐渍化土壤中的硝酸根、硫酸根、氯这 3 种重要酸根阴离子和钠盐基阳离子的能力关系较为密切[101]。

表 3-14　不同播种量对 0~20 cm 土壤中盐基离子含量的影响

处理	Na^+（mg/kg）	Na^+ 比 CK 减少（%）	Ca^{2+}（mg/kg）	Ca^{2+} 比 CK 减少（%）	K^+（mg/kg）	K^+ 比 CK 减少（%）	Mg^{2+}（mg/kg）	Mg^{2+} 比 CK 减少（%）
CK	217 a		413 a		131 a		71 a	
处理 1	151 bc	30.4	329 c	20.3	100 b	23.7	59 b	16.9
处理 2	149 c	31.3	333 b	19.4	103 b	21.4	59 b	16.9
处理 3	153 b	29.5	321 d	22.3	102 b	22.1	59 b	16.9

处理	NO_3^-（mg/kg）	NO_3^- 比 CK 减少（%）	SO_4^{2-}（mg/kg）	SO_4^{2-} 比 CK 减少（%）	Cl^-（mg/kg）	Cl^- 比 CK 减少（%）
CK	125 a		94 a		612 a	
处理 1	75 b	40.0	61 b	35.1	394 b	35.6
处理 2	72 b	42.4	61 b	35.1	368 c	39.9
处理 3	73 b	41.6	60 b	36.2	367 c	40.0

（4）不同播种量对 0~20 cm 土壤 K^+/Na^+ 的影响

与对照相比，3 种播种量处理土壤中的 K^+/Na^+ 均有显著增加，其增幅都在 10.0% 以上。但处理 1 与处理 3，处理 2 与处理 3 之间差异不显著；3 种处理中以处理 2 增幅最大，为 15.0%；增幅最小为处理 1，为 10.0%（表 3-15）。总体看来，随播种量的增加，K^+/Na^+ 有增加之势，但其增幅主要还是与植物吸收 K^+、Na^+ 能力相关。土壤中的 K^+/Na^+ 这一参数对盐碱地作物的生长十分重要，且绝大多数盐碱地都存在 K^+/Na^+ 过小的现象[103]。对于多年过量施用鸡粪的土壤尤为如此，因为鸡粪含有较多的 Na^+，施入土壤后 Na^+ 存量大，导致植物体中 K^+、Na^+ 平衡和正常代谢受到破坏，植物细胞膜透性增加，体内 K^+ 外流，K^+ 含量减少，致使作物产量下降。K^+/Na^+ 的增加，有利于作物的生长和产量的增加。

表 3-15　不同播种量种植对 0~20 cm 土壤 K^+/Na^+ 的影响

处理	K^+/Na^+	增幅（%）
处理 1	0.66 b	10.0
处理 2	0.69 a	15.0
处理 3	0.67 ab	11.7
CK	0.60 c	

（5）不同播种量的生物量及秸秆还田后带入的养分情况

3 种不同播种量的墨西哥玉米牧草经 53 d 种植，每 667 m^2 生物量差异显著，但都在 2 738.9 kg 以上，其中处理 3 最高，其次为处理 2（表 3-16）。墨西哥玉米牧草的高产量及高含氮钾量，其秸秆可作为牧草，或还田为土壤带入养分。3 种处理每 667 m^2 生物量还田相当于施用 30.3~44.2 kg 尿素、33.7~49.6 kg 过磷酸钙和 25.5~37.2 kg 硫酸钾的化肥氮磷钾养分。可见，种植墨西哥玉米牧草不仅能为牲畜提供优良的草料，还能为土壤增加数量可观的养分。

表 3-16 不同播种量的生物量及秸秆还田后带入的养分

处理	生物量 (kg/667 m²)	养分含量（%）			秸秆还田相当于化肥用量 (kg/667 m²)		
		全氮	全磷	全钾	尿素	过磷酸钙	硫酸钾
处理 1	2 738.9 c	4.01	0.679	2.93	30.3	33.7	25.5
处理 2	3 820.5 b	3.96	0.676	2.89	36.8	41.3	30.9
处理 3	4 159.8 a	3.97	0.678	2.91	44.2	49.6	37.2

3. 结 论

本试验 3 种播种量种植墨西哥玉米牧草都可在较短时间内大幅降低土壤中各盐基离子含量，能降低表层 0~20 cm 土壤盐分 32.8% 以上，其中以播种量 4.7 g/m² 的除盐效果最好，为 41.4%。在显著降低 0~20 cm 土壤的盐含量的同时，增加土壤溶液中 K^+/Na^+，缓和 K^+、Na^+ 平衡，维护植物的正常代谢，促进作物的生长和产量的增加，对次生盐渍化的菜田土壤改良效果明显。研究所选的墨西哥玉米为牧草和绿肥皆可，最终还田为有机肥，可改善土壤质地，增强土壤保肥供肥能力，减少化肥投入，促进改良蔬菜土壤次生盐渍化的良性循环系统构建。可见，种植墨西哥玉米牧草可作为改良菜田土壤次生盐渍化的重要技术措施，特别对不能实现水旱轮作的菜田土壤意义重大。

（四）种植 5 种 C_4 作物对菜田土壤次生盐渍化改良作用的初步研究

土壤盐渍化与次生盐渍化是当今世界土壤退化的主要问题之一[94]，土壤的盐碱化是世界范围内影响作物产量的重要非生物逆境[98]，我国盐渍土总面积约 $3.3×10^7$ hm²，特别是沿海地区，土地盐碱化、盐渍化十分严峻[99]。过量施用化肥及不合理的灌溉管理措施造成土壤次生盐渍化等问题，从而导致蔬菜等作物产量、品质降低，不仅造成了水分和肥料的大量浪费，也产生了突出的生态与环境问题[76]。一般情况下，土壤次生盐渍化在设施栽培中比较常见；随着蔬菜产业的发展，由于蔬菜种植的高强度和集约化，露地蔬菜种植也出现不同程度的土壤次生盐渍化危害[75]。甜玉米作为填闲作物种植，可降低土壤剖面电导率，延缓由于降雨或灌水而造成大部分盐分向深层次土壤淋失的风险[102]。种植毛苕子、苏丹草、甜玉米和苋菜均能降低土壤中可溶性盐分含量，且与种植密度呈正相关[104]。近年来，国内外对利用 C_4 作物改良盐渍土的研究取得了明显进展，但大都集中在 C_4 作物耐盐品种的选育、耐盐机理及改良盐渍土机理的研究。涉及有关 C_4 作物的具体品种对盐渍土的改良研究不多，对于墨西哥玉米、高丹草及常规密度种植甜玉米改良蔬菜土壤次生盐渍化鲜有报道。丽水市莲都区地处浙江西南山区，是全国蔬菜重点县（区），蔬菜生产中日益严重的次生盐渍化土壤急需改良。禾本科牧草为盐碱地改良的首选牧草[100]。种植 C_4 类禾本科牧草是一种较为理想的生物除盐措施[52]，但该技术研究在本地尚未开展。以适应性强、产量高、兼具牧草和绿肥功能的 C_4 作物为标准选择耐盐作物开展试验，探索土壤次生盐渍化改良新技术，以改良本地次生盐渍化土壤和减缓土壤次生盐渍化的进程。

1. 材料与方法

（1）试验材料与设计

试验地位于丽水市莲都区郎奇村设施蔬菜基地大棚内，已连续 4 年种植黄瓜、番茄，上茬为番茄，每年休闲期为 6 月中下旬至 9 月。重壤质土壤，土壤表层干燥时有明显的白色返盐并板结表象，破碎后呈灰白色粉状，呈典型的土壤次生盐渍化状况[94]。土壤有机质 14.6 g/kg，有效磷 394.2 mg/kg，可溶性盐分含量为 6.2 g/kg，Na^+ 含量为 219 mg/kg，Cl^- 含量为 623.8 mg/kg，速效钾含量为 133 mg/kg，pH 值 7.88。试验于 2016 年 6—8 月进行，参试的 C_4 作物品种有 5 个，分别为大力士甜高粱（Sorghum 'Hunnigreen forage'），先锋高丹草（Sorghum bicolor×Sorghum sudanense 'PaceSetter'），草优 12 墨西哥玉米（Euchlaena Mexicana 'Caoyou 12'），普通苏丹草（Sorghum sudanense Stapf），由金华双依种子有限公司提供的双依甜玉米（Zea mays L. saccharata Sturt 'Shuangyi'）；其中甜玉米、甜高粱、苏丹草 3 种材料是从已被报道除盐效果显著的植物中挑选而来。共设 6 个处理，5 个作物和 1 个对照（休闲田）。每小区 1 畦，面积 32 m^2，畦面宽 1.2 m，每畦种 2 行；6 月 26 日播种，甜玉米穴播，每穴 2 粒，株距 30 cm；其余撒播，播种量 150 g；3 次重复，随机区组排列。试验期间大棚揭膜，不施肥料；出苗期灌溉 5 次水。8 月 18 日收获，整个生育期 53 d。

（2）主要仪器与药品

FP6420 型火焰分光光度计（上海洪纪仪器设备有限公司，中国），721N 可见分光光度计（上海精密科学仪器有限公司，中国），HH-S1 数显恒温油浴锅（河北润联机械设备有限公司，中国），EL30k 电导率仪（梅特勒—托利多，瑞士），T6 紫外可见光分光光度计（普析通用，中国），VAP450 凯氏定氮仪（Gerhardt 公司，德国）。所有药品均为分析纯。

（3）样品采集

于 6 月 26 日采集土样，以 "S" 形混合采样法，采集耕层 0～20 cm 土样，每小区取 5 点混合样，共 3 份平行样，当天带回实验室。8 月 18 日收获时采集植株样及土样，植株样以整株采集，每处理随机取 20 株，现场称鲜重，并挑选 3 株带回实验室；土样采集同上。

（4）测定指标及测定方法

两次土样均测定土壤可溶性盐、速效钾、硝酸根、硫酸根、钙镁钾钠氯离子含量，播种日土样增测土壤有机质、有效磷含量。植株样测株高、根长、鲜重、干重和氮磷钾含量。

土壤可溶性盐总量按 NY/T 1121.16—2006《土壤检测 第 16 部分：土壤水溶性盐总量的测定》测定，速效钾按 NY/T 889—2004《土壤速效钾和缓效钾含量的测定》测定，NO_3^- 含量采用紫外分光光度法，SO_4^{2-} 含量采用 EDTA 滴定法测定，土壤交换性钙/镁按 NY/T 1121.13—2006《土壤检测 第 13 部分：土壤交换性钙和镁的测定》测定，Na^+ 含量采用火焰分光光度法，Cl^- 含量采用硝酸银滴定法测定。

植株样测定株高、根长、鲜重、干重；全氮、全磷、全钾含量。全氮采用凯氏定氮法，全磷采用钼锑抗比色法，全钾采用火焰分光光度计法测定。

（5）数据处理

试验数据经 Excel 2007 处理，采用 SPSS 11.0 软件进行显著性检验（$P<0.05$）。

2. 结果与分析

（1）5 种 C_4 作物生物学性状

从表 3-17 可知，种植 53 d 时，5 种 C_4 作物株高、根系深度、鲜重和干重之间存在差异。株高由高至低呈现甜玉米>高丹草>甜高粱>墨西哥玉米>苏丹草趋势；根长由长至短呈现甜高粱>甜玉米>高丹草>墨西哥玉米>苏丹草趋势；鲜重和干重最高的为甜玉米，其次是墨西哥玉米，鲜重和干重最小的为苏丹草；墨西哥玉米中含水量最高，苏丹草最低。

表 3-17　5 种 C_4 作物生物学性状调查

作物	平均株高（cm）	根系深度（cm）	株鲜重（g）	株干重（g）	含水量（%）
甜高粱	158.8 b	16.7 a	92.6 c	12.5 bc	86.5
甜玉米	201.5 a	15.6 a	356.5 a	40.3 a	88.7
墨西哥玉米	155.3 b	13.1 bc	127.3 b	14.3 b	88.8
高丹草	201.2 a	14.3 b	96.8 c	14.2 bc	85.3
苏丹草	148.6 b	12.2 c	78.0 d	12.0 c	84.6

（2）种植 5 种 C_4 作物对 0~20 cm 土壤盐含量的影响

从表 3-18 可知，与对照相比，种植 5 种 C_4 作物 53 d 后可显著降低 0~20 cm 土壤的盐含量；其中以甜玉米除盐效果最佳，较对照降低 46.6%；其次是甜高粱，降低 44.8%；墨西哥玉米位次为 3；最低的为苏丹草，降低 20.7%。5 种 C_4 作物总体上皆能达到除盐 20% 以上的效果。

表 3-18　种植 5 种 C_4 作物对 0~20 cm 土壤盐含量的影响

处理	土壤盐含量（g/kg）	除盐率（%）（与 CK 比较）
甜高粱	3.2 ab	44.8
甜玉米	3.1 a	46.6
墨西哥玉米	3.4 bc	41.4
高丹草	3.7 c	36.2
苏丹草	4.6 d	20.7
CK	5.8 e	
基础值	6.2	

（3）种植 5 种 C_4 作物对 0~20 cm 土壤中盐基离子含量的影响

从表 3-19 可知，与对照相比，种植 5 种 C_4 作物后，0~20 cm 土壤盐基离子含量都显著降低。钙、镁、钾、钠 4 种盐基阳离子分别平均降低

21.0%、19.2%、19.7%、27.7%；硝酸根、硫酸根、氯离子3种盐基阴离子分别降低39.8%、33.9%和37.0%。甜高粱处理钠离子降幅最大，为33.2%，其次甜玉米处理，降幅32.7%，墨西哥玉米位次为3，降幅31.3%，苏丹草处理降幅最小，仅为18.4%。阴离子平均降幅是阳离子的1.68倍。可见，种植5种C_4作物后土壤盐含量明显降低，与C_4作物吸收盐分离子，特别是与吸收次生盐渍化土壤中的硝酸根、硫酸根、氯离子这3种重要酸根阴离子[105]的能力关系甚为密切。

表3-19　种植5种C_4作物对0~20 cm土壤中盐基离子含量的影响

处理	Na^+ (mg/kg)	比CK 减少 (%)	Ca^{2+} (mg/kg)	比CK 减少 (%)	K^+ (mg/kg)	比CK 减少 (%)	Mg^{2+} (mg/kg)	比CK 减少 (%)
CK	217 a		413 a		131 a		71 a	
甜高粱	145 c	33.2	317 cd	23.3	98 b	25.2	56 c	22.0
甜玉米	146 c	32.7	317 cd	23.3	106 b	19.1	59 b	17.9
墨西哥玉米	149 c	31.3	333 bc	19.4	103 b	21.4	59 b	17.2
高丹草	168 b	22.6	357 b	13.6	109 b	16.8	57 bc	19.9
苏丹草	177 bc	18.4	309 d	25.2	110 b	16.0	57 bc	19.2

处理	NO_3^- (mg/kg)	比CK 减少 (%)	SO_4^{2-} (mg/kg)	比CK 减少 (%)	Cl^- (mg/kg)	比CK 减少 (%)
CK	125 a		94 a		612 a	
甜高粱	78 b	37.6	69 b	26.8	384 c	37.2
甜玉米	74 b	40.8	58 c	38.7	400 d	34.7
墨西哥玉米	72 b	42.4	61 bc	35.3	368 d	39.9
高丹草	75 b	40.0	64 bc	32.3	385 c	37.1
苏丹草	77 b	38.4	59 c	36.7	392 bc	35.9

（4）种植5种C_4作物对0~20 cm土壤K^+/Na^+的影响

从表3-20可知，种植5种C_4作物后土壤中的K^+/Na^+均有增加，以甜玉米处理增幅最大，为21.7%；其次是墨西哥玉米处理；增幅最小是苏丹草处理，仅为3.3%。K^+/Na^+的增加，有利于农作物的生长和产量的增加。

表 3-20 种植 5 种 C₄作物对 0~20 cm 土壤 K⁺/Na⁺的影响

处理	K^+/Na^+	增幅（%）
甜玉米	0.73 a	21.7
墨西哥玉米	0.69 ab	15.0
甜高粱	0.68 ab	13.3
高丹草	0.65 bc	8.3
苏丹草	0.62 c	3.3
CK	0.60 c	

（5）种植 5 种 C₄作物的生物量及秸秆还田后带入的养分情况

从表 3-21 可知，经 53 d 种植的 5 种 C₄作物每 667 m² 生物量以墨西哥玉米最高，其次为甜高粱，苏丹草最低。墨西哥玉米因产量高，且含氮钾量高，其 667 m² 产秸秆最终还田后带入的养分，相当于施用 36.8 kg 尿素、41.3 kg 过磷酸钙和 30.9 kg 硫酸钾。5 种 C₄作物秸秆还田皆可带入数量可观的养分。

表 3-21 C₄作物生物量及秸秆还田后带入的养分

处理	生物量（kg/667 m²）	养分含量（%）			秸秆还田相当于化肥用量（kg/667 m²）		
		全氮	全磷	全钾	尿素	过磷酸钙	硫酸钾
墨西哥玉米	3 820.5 a	3.96	0.676	2.89	36.8	41.3	30.9
高丹草	3 098.8 b	3.64	0.471	2.12	36.0	30.7	24.1
甜高粱	3 241.1 b	3.79	0.719	2.46	36.1	44.9	26.9
甜玉米	2 496.4 c	3.75	0.821	2.05	23.0	33.1	14.5
苏丹草	2 263.8 c	3.96	0.631	2.50	30.0	31.4	21.8

3. 讨论与结论

土壤次生盐渍化对作物的危害是生理性的，除直接危害作物的生长外，土壤中盐分的积累影响土壤微生物活性，还会导致微生物种群和数量的变化[106]。作物正常生长需要适宜的盐度，已经或者趋于次生盐渍化的土壤超过作物适宜的盐度，就必须采取相应的措施。生物除盐是一项种植吸收能力强的植物吸收土壤的盐分，达到降低土壤盐分的技术。

本试验研究了甜高粱、甜玉米、墨西哥玉米、高丹草、苏丹草 5 种 C_4 作物对次生盐渍化菜田土壤的除盐效果，结果表明 5 种 C_4 作物经 53 d 种植，土壤中各盐基离子大幅降低，表层土壤盐分都能降低 20.7% 以上；其中甜玉米除盐效果最好，为 46.6%，甜高粱次之，这一研究结果与已有的研究结果基本相同[105]，同时说明生物除盐对次生盐渍化菜田土壤的改良是可行的。

土壤中的 K^+/Na^+ 这一参数对盐碱地作物的生长十分重要，且绝大多数盐碱地都存在 K^+/Na^+ 过小的现象[103]。特别是多年过量施用鸡粪的土壤，土壤中 Na^+ 大量存在，导致植物体中 K^+、Na^+ 平衡和正常代谢受到破坏，植物细胞膜透性增加，体内 K^+ 外流，K^+ 含量减少，致使农作物产量下降。增加土壤溶液中 K^+/Na^+，可缓和 K^+、Na^+ 平衡，可促进当季及下茬植物体内 K^+、Na^+ 平衡，维护植物的正常代谢，实现作物产量的提高。种植上述 5 种 C_4 作物后，土壤的 K^+/Na^+ 都有增加，其中甜玉米处理增幅最大，其次是墨西哥玉米处理，苏丹草处理的增幅不显著，这一结果也说明生物除盐对次生盐渍化菜田土壤的改良是可行的，但同时也表明生物除盐时选择植物对改良的效果非常重要。

本试验分析土壤中各种盐分时所选择的土壤层为 0~20 cm，是基于多数作物 70%~80% 的根系都分布于此层，分析此层的效果对于目标作物的生长意义重大[104]。研究所设计的种植密度是经本地已有的试验优选的，所选的除盐植物中墨西哥玉米和高丹草在改良蔬菜土壤次生盐渍化研究中鲜有报道；本研究发现了常规密度种植甜玉米也具有良好的除盐效果，这对改良次生盐渍化土壤具有重要现实意义，也增加了本技术今后向农民推广的接受程度。研究所选作物为绿肥和牧草皆可，最终还田为有机肥，可改善土壤质地，增强土壤保肥供肥能力，减少化肥投入，对构建蔬菜土壤次生盐渍化的循环系统的改良也具有重要现实意义。研究发现墨西哥玉米具有除盐效果好、产量高、养分高的特点，也利于今后的推广。关于对参试 C_4 作物作为绿肥还田后改良土质及土壤改良后种植下茬作物产量和品质等方面的研究将进一步展开。

种植甜玉米、墨西哥玉米、甜高粱、高丹草、苏丹草可在较短的时间内降低土壤盐分，可作为改良菜田土壤次生盐渍化的重要技术措施；甜玉米、墨西哥玉米、甜高粱可作为改良菜田土壤次生盐渍化的优选除盐作物。

（五）基于土壤盐度计测定的蔬菜土壤次生盐渍化评价新技术及应用

土壤盐渍化与次生盐渍化是当今世界土壤退化的主要问题之一[94]，过量施用化肥及不合理的灌溉管理措施造成土壤次生盐渍化等问题，从而导致蔬菜等作物产量、品质降低，不仅造成了水分和肥料的大量浪费，也产生了突出的生态与环境问题[76]。土壤次生盐渍化是由于人为活动不当，使原来非盐渍化的土壤发生了盐渍化或增强了原土壤盐渍化程度的过程。国内外土壤盐渍化评价技术与方法有样品分析法、物探试验法、遥感信息技术法等[95]。测定可溶性盐总量是评价土壤次生盐渍化的主要依据。常用的方法有残渣烘干法和电导法，其中残渣烘干法较为准确，但操作繁杂，较浪费能源和时间[107]。本研究采用土壤盐度计方法评价土壤盐渍化，方法简便、快速、低成本，不失为一种快捷估测土壤盐渍化的新方法。

1. 评价技术

（1）样点选择

样点选择方法与常用的残渣烘干法和电导法相同，但采样点可适当增加。

（2）取样范围

基于多数作物70%~80%的根系都分布于0~20 cm土壤层，为此，通常以0~20 cm土壤层为取样范围。

（3）测定仪器

PNT 3000土壤盐度计，由德国STEPS公司生产。该仪器由传感器和显示屏两大部分组成，传感器由不锈钢电极和热敏电阻两部分组成。测定原理：将传感器插入被测土壤后，接收的被测土壤阻抗信号转换成与之对应的线性电压信号，最终转换成土壤中的PNT-value（活度盐分）显示于与传感器连接的显示屏上，即完成原位盐分的测定。该仪器一键启动即可完成所有操作，适合野外原位土壤盐分测定作业。

（4）测定方法及效率

该仪器原本所测值为原位土壤的 PNT-value（活度盐分），不适应土壤层的土壤盐分测定作业，为此，经取样、土样混匀、置入原土样等容积的容器、压实 4 个改进程序后，再以盐度计法测定容器中土样的盐分，以不同点位所测数值趋于稳定时，即为 0~20 cm 土壤的 PNT-value。每个样点从取样到结果数值获得一般能在 5 min 之内完成，非常快捷。

（5）评价指标

通常适宜蔬菜生长的土壤 PNT-value 范围为 0.1~0.7 g/L。当 PNT-value≥1 g/L 时，表明所测土壤为盐渍土，否则为非盐渍土。

2. 实例应用及分析

（1）应用区域概况

丽水市莲都区位于北纬 28°06′~28°44′，东经 119°32′~120°08′，处浙江省西南部腹地，为全国蔬菜重点县（区）、省蔬菜强县（区）。从 20 世纪 90 年代后期开始，蔬菜生产发展迅速，至 2015 年蔬菜播种面积达 1.2×10⁴ hm²，产值 6.8 亿元。蔬菜主要种植于碧湖盆地，菜地土壤以水稻土为主。

（2）样点选择

于 2016 年 6—8 月，选择有代表性的 18 个村蔬菜基地，每村布置 5 个或 10 个采样点，共 170 个。以 PNT 3000 土壤盐度计测定露地和设施菜地 0~20 cm 土壤的活度盐分。

（3）结　果

①所测土壤中，38.3% 的盆地露地菜地为盐渍土，丘陵山地仅为 16.7%（表 3-22）。

②所测土壤中，93.8% 的设施菜地为盐渍土（表 3-23）。

表 3-22　露地蔬菜不同地貌土壤的活度盐分

地貌	土样数（个）	活度盐分（g/L）			标准差	活度盐分<1 g/L 土样		活度盐分1~2 g/L 土样	
		最大值	最小值	平均值		数量（个）	占比（%）	数量（个）	占比（%）
盆地	60	1.78	0.51	0.95	0.23	37	61.7	23	38.3
丘陵山地	30	1.26	0.43	0.75	0.20	25	83.3	5	16.7
合计	90	1.78	0.43	0.89	0.24	62	68.9	28	31.1

表 3-23　设施菜地不同种植年限土壤的活度盐分

种植年限（年）	土样数（个）	活度盐分（g/L）			标准差	不同活度盐分的土样数（个）				活度盐分≥1 g/L占比（%）
		最大值	最小值	平均值		<1 g/L	1~2 g/L	2~4 g/L	4~8 g/L	
1~2	20	1.38	0.81	1.09	0.14	4	16	0	0	80
3~4	25	2.24	0.87	1.62	0.37	1	18	6	0	96
5~6	20	2.71	1.29	2.07	0.32	0	8	12	0	100
≥7	15	5.37	1.51	2.65	1.15	0	5	8	2	100
合计	80	1.38	0.81	1.80	0.77	5	47	26	2	93.8

3. 结　论

本评价技术方法简便、快速、低成本，不失为一种快捷估测土壤盐渍化的新方法。应用本评价技术得知，丽水市莲都区蔬菜土壤总体上已趋于次生盐渍化，其中设施菜地已次生盐渍化。经比对，本测定的定性结论与电导法的相同。

（六）次生盐渍化蔬菜土壤改良及肥力提升路径

1. 次生盐渍化土壤改良的重要性

我国是世界人口第一大国，也是农业第一大国。中国生态农业（Chinese Ecological Agriculture，CEA）是在适应中国国情特点下产生的农业可持续发展模式，它体现了生态与经济协调的可持续发展战略，是一项农民自发创造、政府积极支持、科技人员主动参与的伟大实践[108-109]。是指遵循生态学和经济学的原理，按照系统工程的方法，运用当代先进的农业科技和现代管理手段，建立的人类生存和自然环境间相互协调、相互增益的经济、生态、社会三效益协调发展的现代化农业体系[109]，发展生态农业是我国现代农业的必然选择[110]。

在"八字宪法"中，"土"排于首位，主要是指土地和土壤。土壤是农业生产的基础，是人类赖以生存的基本环境要素[67]，是生态系统的重要组成部分[68]，在农田生态系统功能维护和粮食蔬菜安全的保障上发挥重要的作用。土壤肥力是土壤的本质属性[68]，是为植物生长供应、协调营养条件和环境条件的能力。土壤肥力的高低与作物的高产稳产密切相关，如何提高和维持土壤肥力，是农田耕作管理技术的核心。土壤肥力是动态的而非固定不变的，土壤的物质构成、生物因素、自然条件以及人为耕作管理影响土壤肥力的变化。不合理的土壤管理会造成土壤酸化、次生盐渍化、土壤侵蚀、沙化、次生潜育化、污染等土壤退化问题，引起全球近23.5%的土地不同程度退化；我国土壤退化总面积约4.6亿公顷，占全国土地总面积的40%，是全球土壤退化总面积的1/4，土壤退化问题已成为困扰人类发展的世界性问题之一[70]。因此，只有良好可持续的土壤管理，减少土壤退化，提升土壤肥力，才能满足人类社会可持续发展的需求[110]。土壤次生盐渍化是由于人为活动不当，使原来非盐渍化的土壤发生了盐渍化或增强了原土壤盐渍化程度的过程[73]。土壤次生盐渍化是当今世界土壤退化的主要问题之一[94]，是世界范围内影响农作物产量的主要环境因素之一[111-112]。它制约了农业生产，破坏了环境资源，还威胁着生态系统的平衡和发展[74]。

2. 现　状

耕地作为土地的一个类型，种植粮食、蔬菜、水果等农作物，为人类提供基本的食物。土地的健康能维持土地自身的理化性质，使其生态恢复能力满足抵御外界负向影响的能力，实现"人—地—生物—环境"的互利共生和有机协调[69]。

亚健康及不健康的土地会威胁农业的可持续发展，次生盐渍化土壤是其中的一类。当土壤表层含盐量超过0.6%时，大多数植物已不能生长；土壤中可溶性盐含量超过1.0%时，只有一些特殊适应于盐土的植物才能生长[74]。在蔬菜生产中，以过量施用化肥及不合理灌溉为主因而导致易溶性盐分在土壤表层积累产生土壤次生盐渍化，导致蔬菜等作物产量、品质降低，不仅造成了水分和肥料的大量浪费，同时也产生了突出的生态与环境问题[76]。一般情况下，土壤次生盐渍化在设施栽培中比较常见；随着蔬菜产业的发展，由于蔬菜种植的高强度和集约化，露地蔬菜种植也出现不同程度的土壤次生盐渍化危害[75]。

我国国土面积大，但人均占有资源少，耕地和食物供应的压力大。面临着自然资源的保护力度不够、自然资源的利用不合理、环境恶化趋势尚未得到根本改变等一系列影响我国农业健康发展的现实。为此，全国各地以发展生态农业为基础，全面推进农业产业化建设，并以此作为精准扶贫、乡村振兴的重要手段。

丽水市地处浙江省西南、浙闽两省接合部，为国家生态示范区和华东地区生物资源的"物种基因库"，具良好的生态环境、丰富的自然资源；是浙江省陆地面积最大的地级市，其中山地占88.42%，耕地占5.52%，是个"九山半水半分田"的地区。多年来，丽水生态农业在"绿水青山就是金山银山"的"两山"理念指引下，打造全国生态保护和生态经济"双示范区"，取得了有目共睹的成效。但作为支柱产业之一的蔬菜产业，因蔬菜生产年限长、连作、复种指数高、轮作尚不合理，以及存在偏施化肥、过量施化肥、忽视土壤培肥和改良等问题，出现了较为严重的土壤次生盐渍化、酸化的趋势，且土壤次生盐渍化与酸化具有一定的同步性。

3. 问题提出与启发

2016年始课题组成员以丽水市莲都区为样点，组织科研、推广、生产等单位的农业技术人员，开展了丽水市代表性的蔬菜土壤次生盐渍化程度调查与测定。从调查的18个村蔬菜基地测定的170个样点看，有60.6%的样点为盐渍土，其中设施菜地样点中93.8%为盐渍土，露地菜地为31.1%。表明蔬菜土壤总体上已趋于次生盐渍化，其中设施菜地已次生盐渍化，并日趋严重；露地蔬菜土壤也时有存在。蔬菜土壤的次生盐渍化程度与土壤环境、蔬菜种植历史年限、连作年限、复种指数、轮作水平、土壤培肥、肥料投入量及种类、雨水淋洗强度有关，土壤次生盐渍化伴随着土壤酸化。从18个村蔬菜基地及23个生产主体的蔬菜施肥和灌溉方式调查情况看，不合理的施肥和灌溉、忽视土壤培肥和改良是蔬菜土壤次生盐渍化发生的主要原因。

蔬菜作为经济作物，其种植的经济收入大大高于粮食。伴随着丽水的城市化发展占用耕地，蔬菜产业发展又需优质土地，这两者之间的矛盾日益突出，连作、高度集约化、高复种指数、高肥料使用量成为生产常态；偏施化肥、过量施化肥以及忽视土壤培肥和改良成为普遍现象。年复一年，土壤次生盐渍化加重、土壤酸化、土壤板结、有机质减少等恶变，妨碍了作物根系的正常吸水，作物产量降低、品质劣变。土壤次生盐渍化是蔬菜连作障碍和大棚设施栽培中最普遍和突出的问题，成为丽水蔬菜生产上的主要土壤障碍因子，发生程度严重的作物不能正常生长，导致耕地缩减，已影响到丽水蔬菜产业的可持续发展。开展次生盐渍化蔬菜土壤及肥力提升工程，已成为丽水蔬菜可持续健康发展的急迫之举，同时也是丽水实践"绿水青山就是金山银山""乡村振兴""绿色崛起、科学跨越"和农业增效、农民增收的重要举措。

为此，课题组成员借鉴国内外土壤次生盐渍化防治技术，结合丽水蔬菜土壤次生盐渍化产生的主要因素，确定了以绿色生物修复技术及水旱轮作为研究的主要技术思路，在土壤的除盐、降盐、控盐上开展了研究，取得了技术成果，并在生产上得到了应用推广。针对丽水山地蔬菜土壤次生盐渍化的问题，从生态农业的视角，提出了标准化生产、水旱轮作、生物除盐 3 项次生盐渍化蔬菜土壤改良及肥力提升技术路径，并从思想观念、财政投入、土地流转等方面提出了政策建议，以期践行"绿水青山就是金山银山"的理念，加快实现丽水乡村振兴。

4. 技术路径

次生盐渍化蔬菜土壤改良及肥力提升是一项长期艰巨的任务，涉及作物、土壤、环境等生物及非生物的诸多复杂因素，并且这些因素之间存在相互的影响，使得解决问题变得非常复杂，要想通过任何单一的措施或通过少数几个措施都很难在短时间内收到满意的效果。为此，根据丽水的实际，可综合采取以下几种技术措施。

（1）推广蔬菜标准化生产

以蔬菜标准化生产，规范无公害蔬菜生产行为。建立有机—无机结合的科学施肥体系，以有机肥为基础，有机肥与化肥配合；推广蔬菜配方施肥和秸秆还田技术，达到实行有机肥替代部分化肥，纠正生产上"施大肥""偏施化肥、过量施化肥"的传统，实现合理施肥，提高土壤肥力，减少化肥使用，控制土壤盐分的投入。

（2）推广水旱轮作制度

合理轮作可改善农田生态环境，有利于增强微生物活性和繁殖能力，提高土壤肥力，改善作物生长发育，提高产量和品质。推广蔬菜与水稻、蔬菜与茭白、蔬菜与莲藕轮作制度，可减少盐渍化菜地耕层 0~20 cm 土壤中 60.1%~79.1% 的盐分，同时，改善土壤结构，增加土壤的通气性，提高地力水平。

（3）推广生物除盐技术

种植除盐 C_4 作物是生物除盐技术中的一种较为理想的除盐措施，其原理是通过种植除盐 C_4 作物，吸收土壤中的大量盐分后，将全部或部分植株从种植区域转移到其他地域，从而降低原种植区域的土壤盐分。种植甜玉米、墨西哥玉米、甜高粱、高丹草、苏丹草等 C_4 作物具有良好的除盐效果，可在短期（53 d）降低次生盐渍化菜田表层土壤盐分 20.7% 以上，且可作为绿肥和牧草，最终还田为有机肥，对改善土壤质地、增强土壤保肥供肥能力、减少化肥投入、构建蔬菜土壤次生盐渍化的循环系统的改良均具重要的现实意义。

（4）推广深耕深松机械化技术

针对目前多数蔬菜土壤耕作层偏浅的现状，在蔬菜主要产区，推广深耕深松机械化技术，提高土壤耕作层的厚度，可改善土壤耕作层的性状，减轻表层土壤盐渍化程度，并促进作物良好生长和发育。

5. 政策建议

（1）提高认识，强化使命担当

各级政府和有关部门要坚持以科学发展为指导，从战略的高度，充分认识保护耕地及环境的重要意义，要进一步解放思想，转变观念，以"绿水青山就是金山银山"的丽水使命担当为共识。广泛开展多层次、多方位、多形式的宣传教育，广泛动员公众参与农业环境保护，树立环保理念，增强保护农业环境的紧迫感和责任感。同时，加强对农民及农民专业合作社等农业生产经营主体的技术培训，提高生产技术水平和技能，引导改变观念，走出认识和实践上的误区，认识到自然环境对人类的重要性，实现人与自然相互依存、和谐共荣发展。

（2）完善政策，加大财政投入

发展生态农业要遵循种养结合的农业规律和"源于土地，还于土地"的原则，要发挥农业生产经营主体的参与主体作用。政府及部门应进一步完善扶持生态农业发展的财政、税收政策，采取财政补贴、税收减免、贷款贴息、购买服务、设备配套、产品补贴等方式扶持农业生产经营主体从事退化土壤改良及肥力提升工程。财政投入应重点投入以下方面。

①农业基础设施。进一步完善蔬菜基地的路、沟、渠，以及排、蓄、灌

等农业基础设施，加快建设喷滴灌或水肥一体化等现代节水灌溉施肥系统，以促进高效节水灌溉技术的推广，改善农业生产条件，提高农业综合生产能力。

②秸秆综合利用。积极探索秸秆肥料化、饲料化等农业循环经济发展模式，建立"社会化服务+市场化运营"的模式，依托专业性的社会化服务组织完成蔬菜秸秆等农业废弃物回收利用工作，促进蔬菜秸秆的肥料化、饲料化利用，提高蔬菜土壤中使用秸秆有机肥的数量，达到优化土壤环境的物质循环，改善土壤结构、提升土壤肥力，增加土壤保水、保土、保肥性能；实现减少化肥使用。

③蔬菜测土配方施肥。深化测土配方施肥技术在蔬菜生产上的应用，开展免费测土配方服务活动，坚持精准测土、科学配肥、减量施肥相结合，提高蔬菜测土配方施肥技术的覆盖率。

④开展技术研究。发展生态农业，改良次生盐渍化蔬菜土壤，提升土壤肥力，还需要有相应的科学技术作为重要支撑，为此，应加快次生盐渍化蔬菜土壤改良及肥力提升技术的研发，特别是加大蔬菜测土配方技术、蔬菜秸秆肥料化利用技术与模式的研究。同时，鼓励科技人员将取得的科技成果应用到生产实践。

（3）加快土地流转，促进蔬菜生产机械化

土地细碎化是浙江农业重要特点之一，丽水市尤为如此，严重制约了水、机械、化肥等投入品使用效率的提高，也是制约土壤改良及肥力提升的重要因素。因此，加快土地流转，促进蔬菜生产机械化，降低生产成本，增加生产效益，可为土壤改良及肥力提升创造条件。

第二节 病虫害绿色防控技术研究

一、菜豆病害防控技术研究

（一）不同土壤消毒剂对连作田菜豆根腐病的防效

随着农业产业结构调整，丽水市菜农从 20 世纪 90 年代末期开始利用生态优势，大力发展无公害菜豆生产。然而由于连年种植，连作病害发生逐年加重，其中根腐病成了菜豆上发病较为普遍、危害较大、防治较困难的病害，局部区域发病相当严重，加之菜农对其防治盲目性较大，往往发病后才开始用药，防效甚微且易造成产品的农药残留污染。根腐病田间发病率为 20%~35%，严重的在 50% 以上，减产 25% 以上，农民减产减收。

菜豆连作病害中发病较严重、危害较大的土传病害，其病原大部属于半知菌亚门真菌。为此，课题组选择了对半知菌引起的多种病害防效极佳，具有内吸传导、保护和治疗等多重防效，且对多种病原真菌引起的植物病害有较高防治效果的高效、广谱、低毒的噁霉灵、咪鲜胺、敌磺钠 3 种杀菌剂，及在土壤经水解最终能分解形成具有极强氧化性，使菌体的蛋白质等物质变性，也可致死病原微生物的新生态氧，达到杀菌作用的漂白粉为土壤消毒剂处理。以期通过消毒土壤，防控菜豆土传病害。

1. 材料与方法

（1）试验地点和时间

试验在丽水市莲都区碧湖镇郎奇菜豆基地进行，试验田已连续 3 年种植菜豆，土质肥沃，灌溉方便，施肥水平中上；试验时间为 2011 年 3 月 26 日至 7 月 15 日。

（2）供试材料

菜豆品种为浙芸 3 号；供试药剂为 99% 噁霉灵原药（山东天达生物制药股份有限公司生产），28% 漂白粉（杭州南邻化学有限公司生产），25% 咪鲜胺乳油（江苏万农达生物农药有限公司生产），45% 敌磺钠可溶性粉剂（辽宁省丹东市农药总厂生产）。

（3）田间药效试验处理及方法

试验设 5 个处理，3 次重复，共 15 个小区，随机区组排列，小区面积 12 m²；处理 1：99% 噁霉灵 13.7 g 兑水 27 kg；处理 2：28% 漂白粉 1.0 kg 兑水 27 kg；处理 3：25% 咪鲜胺 60 mL 兑水 27 kg；处理 4：45% 敌磺钠 135 g 兑水 27 kg；对照（CK）处理：清水 27 kg。将 4 种供试药剂于菜豆播种前 5 d 兑水后用喷水壶均匀喷洒小区土壤。

（4）防治效果的调查与统计方法

出苗后 45 d，每个小区间隔 2 行种植行选整行调查根腐病的病株数，统计发病率，计算相对防效，将发病率、相对防效反正弦转换后进行方差分析，采用 SSR 法进行多重比较。

发病率（%）＝（病株数/调查株数）×100

相对防效（%）＝100-处理区发病率/对照区平均发病率×100

2. 结果与分析

（1）不同处理根腐病发病率和对根腐病的防效

在试验进行过程中，分别调查各小区菜豆根腐病发病情况。结果表明（表3-24），处理1、处理2、处理3、处理4和对照处理根腐病的平均发病率分别为 2.14%、4.96%、3.61%、4.32% 和 17.30%，其中以处理 1 的根腐病发病率最低，为 2.14%，比对照的 17.30% 低 15.16 个百分点；连作地经各药剂处理土壤后，根腐病的发病率明显降低。处理 1、处理 3、处理 4、处理 2 对根腐病的相对防效分别为 87.6%、79.1%、75.0%、71.3%，其中以处理 1 对根腐病的相对防效最好，处理 3 对根腐病的相对防效次之。

表3-24　不同土壤消毒剂处理土壤对根腐病的防效（SSR 测验）

处理	用药量	调查株数 （株）	病株数 （株）	发病率 （%）	相对防效 （%）
处理 1（噁霉灵）	1.1 g/m²	140	3	2.14 cB	87.6 A
处理 2（漂白粉）	83.3 g/m²	141	7	4.96 bB	71.3 B
处理 3（咪鲜胺）	5 mL/m²	139	5	3.61 bcB	79.1 AB
处理 4（敌磺钠）	11.2 g/m²	139	6	4.32 bB	75.0 B
CK（清水）		139	24	17.30 aA	

注：表中同列数字后不同小写字母表示差异显著（P<0.05），不同大写字母表示差异极显著（P<0.01），下同。

（2）不同处理的差异显著性方差分析

经 SSR 测验结果表明（表3-24），处理1、处理2、处理3、处理4与对照（CK）相比根腐病的发病率差异极显著；处理 1 与处理 2、处理 4 相比根腐病的发病率差异显著。处理 1 与处理 2、处理 4 相对防效差异极显著；处理 1 与处理 3，处理 2、对照 3、处理 4 相互间相对防效无极显著差异。

（3）对其他土传病害的影响

田间初步调查表明，以上4种处理对枯萎病等其他土传病害也有一定的防效。

3. 小　结

（1）4种土壤消毒剂对菜豆根腐病的防治效果均达70%以上

菜豆连作田在翻耕整地后于播种前5 d，用噁霉灵、咪鲜胺、敌磺钠、漂白粉对土壤进行消毒处理，均能有效地控制根腐病的发生，防治效果均达70%以上；1 m² 土壤用1.1 g的99%的噁霉灵粉剂处理后，根腐病的发病率最低，相对防效最好；其次是1 m² 土壤用5 mL的25%咪鲜胺。

（2）应用成本以敌磺钠最低，综合效益最好

在土壤消毒剂处理中，每500 m² 使用噁霉灵的应用成本为412.5元，咪鲜胺应用成本为312.5元，敌磺钠应用成本为124.9元，漂白粉应用成本为416.5元；应用成本以敌磺钠最低，综合效益最好。敌磺钠作为防治菜豆根腐病的常规药剂，由于长期多年累积使用，使根腐病菌对其产生了抗药性，防治效果有所下降，建议对其有抗性的地区适当减少使用频率，待病菌对其抗药性降低后再轮换使用。

本试验中，4种土壤消毒剂对菜豆根腐病的防治效果均达70%以上，尤以噁霉灵处理的菜豆根腐病的发病率最低，相对防效最好；应用成本以敌磺钠最低，综合效益最好。

本试验中4种土壤消毒剂都为单剂使用，是否能混配使用以达到更经济安全的效果，有待下一步验证。同时，对枯萎病等其他土传病害的防效也有待进一步研究。

（二）噁霉灵与其他杀菌剂混用处理土壤对菜豆根腐病的防效

噁霉灵是一种内吸性杀菌剂和土壤消毒剂，具有独特的作用机理。噁霉灵进入土壤后被土壤吸收并与土壤中的铁、铝等无机金属盐离子结合，能够有效抑制孢子的萌发和真菌病原菌丝体的正常生长或直接杀灭病菌，药效可达15 d左右。同时，它能被植物的根吸收并在根系内移动，在植株内代谢产生两种糖苷，具有提高作物生理活性的效果，能促进植株生

长，根的分蘖，根毛的增加和根活性的提高。噁霉灵对土壤中病原菌以外的细菌、放线菌的影响很小，对土壤中微生物的生态不产生影响，在土壤中能分解为毒性很低的化合物，对环境安全。作为菜豆连作地的土壤消毒剂，对农民来说，噁霉灵每 667 m² 使用成本约为 340 元，与咪鲜胺的成本差别不大；虽然敌磺钠的使用成本低，但敌磺钠作为防治菜豆根腐病的常规药剂，经多年累积使用，菜豆根腐病对其产生了抗药性，防治效果有所下降。为降低使用成本和防范抗药性的产生，课题组开展了土壤消毒剂混用的试验，以期在防效、使用成本及防范抗药性方面综合筛选出较为农民接受的土壤消毒剂组合。

1. 材料与方法

（1）试验材料

菜豆品种为红花青荚；供试药剂为 99%噁霉灵原药（山东天达生物制药股份有限公司生产），25%咪鲜胺乳油（江苏万农达生物农药有限公司生产），45%敌磺钠可溶性粉剂（辽宁省丹东市农药总厂生产）。

（2）试验方法

试验在丽水市莲都区碧湖镇郎奇村菜豆基地进行，已连作 3 年菜豆，土质肥沃，灌溉方便，施肥水平中上；试验时间为 2011 年 3 月 20 日至 7 月 9 日。

试验设 4 个处理，处理 1：99%噁霉灵 8 g 兑水 27 kg；处理 2：99%噁霉灵 4.8 g+45%敌磺钠 48 g 兑水 27 kg；处理 3：99%噁霉灵 3 g+25%咪鲜胺 30 mL 兑水 27 kg；对照（CK）处理：清水 27 kg。将各处理药剂于菜豆播种前 5 d 兑水后用喷水壶均匀喷洒小区土壤，每小区 1 畦，畦面宽 1.2 m，每畦种 2 行，小区面积 12 m²，每穴播种 2~3 粒，3 月 26 日播种。3 次重复，共 12 个小区，随机区组排列。

（3）防治效果的调查与统计方法

出苗后 45 d，间隔 2 行种植行选整行调查小区根腐病的病株数，统计发病率，计算相对防效。将发病率、相对防效进行反正弦转换后进行方差分析，多重比较采用 SSR 法。

$$发病率（\%）=（病株数/调查株数）\times 100$$

$$相对防效（\%）=100-（处理区发病率/对照区平均发病率）\times 100$$

2. 结果与分析

（1）不同处理根腐病发病率和对根腐病的防效

在试验进行过程中，分别对各小区菜豆植株发生的根腐病进行调查。结果表明，处理 1、处理 2、处理 3 根腐病的平均发病率分别为 5.11%、4.32%、3.62%，其中以处理 3 的菜豆根腐病发病率最低，为 3.62%，比对照的 23.53% 低 19.91 个百分点；经噁霉灵与其他杀菌剂混合处理连作土壤后，菜豆根腐病的发病率显著降低；处理 1、处理 2、处理 3 对菜豆根腐病的相对防效分别为 78.28%、81.64%、84.62%，其中以处理 3 对菜豆根腐病的相对防效最好（表 3-25）。

表 3-25　连作地不同药剂土壤处理控制根腐病试验结果

处理	用药量	调查株数（株）	病株数（株）	发病率（%）	相对防效（%）
处理 1（噁霉灵）	$0.67 \ g/m^2$	137	7	5.11 B	78.28 B
处理 2（噁霉灵+敌磺钠）	$0.4 \ g/m^2 + 4 \ g/m^2$	139	6	4.32 B	81.64 AB
处理 3（噁霉灵+咪鲜胺）	$0.25 \ g/m^2 + 2.5 \ mL/m^2$	138	5	3.62 B	84.62 A
CK（清水）		136	32	23.53 A	

（2）不同处理的差异显著性方差分析

经 SSR 测验，处理 1、处理 2、处理 3 与对照相比，菜豆根腐病的发病率差异极显著；处理 1、处理 2、处理 3 相互间菜豆根腐病的发病率无极显著差异；处理 1 与处理 3 相对防效差异极显著；处理 1 与处理 2、处理 2 与处理 3 相互间相对防效无极显著差异（表 3-25）。

（3）对其他土传病害的影响

田间初步调查表明，噁霉灵与杀菌剂混用对枯萎病等其他土传病害也有一定的防效。

3. 小　结

（1）噁霉灵及其与咪鲜胺、敌磺钠混用均能有效地控制菜豆根腐病的发生

菜豆连作田在翻耕整地后播种前 5 d，单独使用噁霉灵及其与咪鲜胺、敌磺钠混合对土壤进行消毒处理，均能有效地控制菜豆根腐病的发生，相对防治效果均达 70% 以上；处理 3（99%噁霉灵 3 g+25%咪鲜胺 30 mL 兑

水 27 kg）喷洒后，菜豆根腐病的发病率最低，相对防效最好；其次是处理 2（99%噁霉灵 4.8 g +45%敌磺钠 48 g 兑水 27 kg）喷洒处理。

（2）应用成本以噁霉灵与敌磺钠组合最低，综合效益最好

在土壤消毒剂处理中，每 500 m² 使用噁霉灵应用成本为 250 元，噁霉灵与咪鲜胺组合应用成本为 250 元，噁霉灵与敌磺钠组合应用成本为 195 元；其中以噁霉灵与敌磺钠组合应用成本最低，综合效益最好。

4. 讨论及结论

噁霉灵、咪鲜胺、敌磺钠均为高效、广谱、低毒型杀菌剂，具有内吸传导、保护和治疗等多重作用，对半知菌引起的多种病害防效极佳。土传病害菜豆根腐病病原为腐皮镰孢菌菜豆专化型 [*Fusarium solani* f. sp. *phaseoli*（Burk.）Snyder et Hansen]，归半知菌亚门真菌，用噁霉灵与其他杀菌剂（咪鲜胺、敌磺钠）合理混合对土壤进行消毒处理，对菜豆的土传病害根腐病有良好防效。试验采用 99%噁霉灵粉剂与 25%咪鲜胺乳油，45%敌磺钠可溶性粉剂不同浓度组合混用，并对菜豆连作田进行土壤处理，调查各处理对菜豆根腐病的防效。结果表明，不同处理对菜豆根腐病都有一定的防效，尤以噁霉灵和咪鲜胺混用处理菜豆根腐病的发病率最低，相对防效最好；应用成本以噁霉灵和敌磺钠混用最低，综合效益最好。敌磺钠作为防治菜豆根腐病的常规药剂，由于多年累积使用，使菜豆根腐病菌对其产生了抗药性，防治效果有所下降，建议对其有抗性的地区适当减少使用频率，待病菌对其抗药性降低后再轮换使用。

（三）不同土壤修复剂对连作田菜豆根腐病的防效试验

针对丽水市莲都区菜豆连作障碍产生的主要原因是多年连续种植，土壤次生盐渍化、土壤养分供应不均衡，土壤理化特性改变，土壤酸化加剧，土壤微生物活性下降，菜豆绿色栽培关键技术应用和示范项目组通过引进土壤修复剂，在莲都区碧湖镇魏村菜豆连作田内进行了 4 种不同土壤修复剂对菜豆产量和根腐病影响的试验，以期筛选菜豆连作障碍土壤的修复技术。

1. 材料与方法

（1）试验地点和时间

试验设在丽水市莲都区碧湖镇魏村菜豆基地，试验田 300 m²，已连

作 3 年菜豆，土质肥沃，灌溉方便，施肥水平中上；试验时间为 2011 年 3 月 28 日至 7 月 11 日。

（2）供试材料

菜豆品种为浙芸 3 号；供试土壤修复剂为亚联 1 号微生物肥（美国亚联企业集团生产制造）、连作生物有机肥（杭州同力生物工程技术有限公司生产）、80%黄腐酸钾晶体（潍坊市同力园化工有限责任公司生产）。

（3）田间药效试验处理及方法

试验设 5 个处理，3 次重复，共 15 个小区，随机区组排列，小区面积 12 m² （畦面积 9 m²）。处理 1：黄腐酸钾 270 g；处理 2：连作生物有机肥 337.5 g；处理 3：亚联 1 号 1.13 mL+伴侣兑水喷洒；处理 4：黄腐酸钾 270 g+连作生物有机肥 337.5 g；对照（CK）清水处理。将土壤修复剂于菜豆播种前结合基肥深施（喷洒）于种植行，并以常规基肥深施于种植行作为对照。

（4）产量和防治效果的调查与统计方法

出苗后 45 d，调查小区根腐病的病株数，统计发病率，计算相对防效；投产后分小区记录产量，统计小区产量；观察菜豆嫩荚性状，调查荚长、单荚重。

$$发病率（\%）=（病株数/调查株数）×100$$

$$相对防效（\%）=100-（处理区发病率/对照区平均发病率）×100$$

2. 结果与分析

（1）连作地施用不同土壤修复剂对根腐病发病率的影响

试验进行过程中，分别对各小区菜豆植株发生的根腐病进行调查。结果表明，对连作地施用不同土壤修复剂后，菜豆根腐病的发病率明显降低，处理 1、处理 2、处理 3、处理 4 根腐病的平均发病率分别为 8.62%、10.53%、6.78%、5.45%，其中以处理 4 对菜豆根腐病发病率最低，为 5.45%，比对照的 24.14%低 18.69 个百分点（表 3-26）。

表 3-26　连作地施用不同土壤修复剂对根腐病发病率的影响

处理	用药量	调查株数（株）	病株数（株）	发病率（%）
处理 1（黄腐酸钾）	30 g/m²	58	5	8.62

（续表）

处理	用药量	调查株数（株）	病株数（株）	发病率（%）
处理 2（连作生物有机肥）	37.5 g/m²	57	6	10.53
处理 3（亚联 1 号）	0.126 mL/m²	59	4	6.78
处理 4（连作生物有机肥+黄腐酸钾）	37.5 g/m²+30 mL/m²	55	3	5.45
CK（清水）		58	14	24.14

（2）连作地施用不同土壤修复剂对菜豆嫩荚性状的影响

试验表明，连作地施用 4 种土壤修复剂对菜豆嫩荚性状均有明显影响，与对照相比，荚长和单荚重均有增加。荚长增幅在 6.4%~9.9%，其中以处理 4 增幅最大；菜豆单荚重增幅在 10.6%~13.8%，其中以处理 4 增幅最大。同时处理区的荚色表现为浅绿，略优于对照（表 3-27）。

表 3-27　连作地施用不同土壤修复剂对菜豆嫩荚性状的影响

处理	荚长（cm）	荚长增幅（%）	单荚重（g）	单荚重增幅（%）	荚色
处理 1（黄腐酸钾）	18.3	7.0	12.1	11.9	浅绿
处理 2（连作生物有机肥）	18.2	6.4	11.9	10.6	浅绿
处理 3（亚联 1 号）	18.6	8.8	12.2	13.1	浅绿
处理 4（连作生物有机肥+黄腐酸钾）	18.8	9.9	12.3	13.8	浅绿
CK（清水）	17.1		10.8		尚浅绿

（3）连作地施用不同土壤修复剂对菜豆产量的影响

试验表明，连作地施用 4 种土壤修复剂对菜豆产量均有增产效果，与对照相比，增产幅度在 13.9%~19.7%，其中以处理 4 增产效果最好（表 3-28）。

表 3-28　连作地施用不同土壤修复剂对菜豆产量的影响

处理	用药量	小区平均产量（kg）	折亩产（kg/667 m²）	产量比 CK 增幅（%）
处理 1（黄腐酸钾）	30 g/m²	28.2	1 564.7	15.6

（续表）

处理	用药量	小区平均产量（kg）	折亩产（kg/667 m²）	产量比 CK 增幅（%）
处理 2（连作生物有机肥）	37.5 g/m²	27.8	1 546.1	13.9
处理 3（亚联 1 号）	0.126 mL/m²	28.9	1 604.5	18.4
处理 4（连作生物有机肥+黄腐酸钾）	37.5 g/m²+30 mL/m²	29.2	1 623.8	19.7
CK（清水）		24.4	1 353.5	

（4）对其他土传病害的影响

田间初步调查表明，4 种土壤修复剂对枯萎病等其他土传病害也有一定的防效。

3. 小　结

（1）应用 4 种土壤修复剂可改善菜豆嫩荚性状，促进增产，减少根腐病发病率

4 种土壤修复剂在菜豆播种前结合基肥深施（喷洒）于种植行后，均能有效地控制菜豆根腐病的发生，促进菜豆嫩荚性状的优化，增加菜豆的产量，表明 4 种土壤修复剂对菜豆的连作障碍土壤有一定的修复作用，其中以处理 4（连作生物有机肥+黄腐酸钾）修复作用最好，其次是处理 3（亚联 1 号）。

（2）应用成本以黄腐酸钾最低，综合效益以连作生物有机肥与黄腐酸钾混用最好

在土壤修复剂处理中，每 500 m² 使用黄腐酸钾应用成本为 100 元，连作生物有机肥应用成本为 120 元，亚联 1 号应用成本为 196 元，连作生物有机肥与黄腐酸钾组合应用成本为 220 元；应用成本以黄腐酸钾最低；综合效益以连作生物有机肥与黄腐酸钾组合最好，其次是亚联 1 号。

4. 讨　论

有机肥能够改善土壤理化性状，增强土壤保水、保肥、供肥的能力；生物有机肥中的有益微生物还能与土壤微生物形成共生增殖关系，抑制有害菌生长。使用生物有机肥能增加土壤有益菌和其他微生物及种群含量，

在作物根系形成的优势有益菌种群能抑制有害病原菌的繁衍，增强作物抗逆抗病能力，降低重茬作物的病情指数，缓解连作障碍。

连作生物有机肥、黄腐酸钾、亚联 1 号均属有机肥，其中连作生物有机肥、亚联 1 号为生物有机肥。连作生物有机肥是由浙江大学农业与生物技术学院研制的有机生物菌肥，是针对大棚、露地作物常年连茬栽培，引起土壤营养失衡、酸碱失调、病菌积累，造成严重连作障碍而开发的高新技术产品。亚联 1 号（BIO1ONE）是由美国亚联企业集团生产制造的生物有机肥，具有滋养和改良土壤、消除土壤板结、平衡土壤 pH 值的功能，适用于多种扎根于土壤的农作物。黄腐酸钾有利于改良土壤团粒结构，疏松土壤，固氮、解磷、活化钾，能提高土壤的保肥保水能力，调节土壤 pH 值，降低土壤中重金属的含量，减少盐离子对种子和幼苗的危害；起到增根壮苗、抗重茬、抗病、改良作物品质的作用，并且能强化植物根系的附着力和快速吸收能力，特别是对由于缺乏微量元素而导致的生理病害有明显的效果。因此，使用连作生物有机肥、黄腐酸钾、亚联 1 号对连作障碍的土壤具有修复作用，并能提高植物的抗逆抗病能力，减少菜豆根腐病、枯萎病的发生，从而改善菜豆嫩荚性状，促进增产。至于它们对枯萎病等其他土传病害的具体防效有待进一步研究。

（四）2 种生物药剂对菜豆炭疽病的防效

炭疽病是丽水山地菜豆的主要病害，主要为害叶片、茎、豆荚，其病原主要以菌丝体在种子上越冬，也能以菌丝体随病株残余组织遗留在田间越冬，病菌生长发育的适温为 21~23 ℃，最高 30 ℃，最低 6 ℃。因连作和山地气候特点，炭疽病对菜豆为害较大，历年防治上常以化学农药防治为主，农药使用量较大。为减少化学农药用量、残留和环境污染，于2020 年开展了生物药剂防治炭疽病的试验，以寻求生物药剂替代化学农药防治炭疽病的方法，促进山地菜豆的绿色发展。

1. 材料与方法

（1）主要试验材料及试验地概况

试验地位于尤源村蔬菜基地，海拔高度约 930 m，菜豆品种为丽芸 2 号；供试药剂为 3%多抗霉素水剂，4%农抗 120（抗霉菌素 120）水剂。

（2）试验设计

试验设5个处理，处理1：3%多抗霉素水剂900倍稀释液；处理2：3%多抗霉素水剂600倍稀释液；处理3：4%农抗120水剂600倍稀释液；处理4：4%农抗120水剂300倍稀释液；处理5（CK）：清水处理。小区面积25 m²，3次重复，共15个小区，随机区组排列。试验于2020年6月20日采用常规喷雾法，将药剂均匀喷施于菜豆植株叶面，施药量以叶面均匀着药，出现液滴为准；间隔7 d再次喷施，连续喷施3次。

（3）调查方法

分别在施药7 d、14 d、21 d后调查病情指数，在各小区内随机选取30片成叶调查，按分级标准目测分级，记录总叶数及各级病叶数，按下列公式计算病情指数及相对防效，并用Excel 2007软件和DPS 7.05软件进行数据处理及显著性检验（$P<0.05$）。

病情分级标准：0级，无病斑；1级，病斑面积占整片叶面积的5%以下；2级，病斑面积占整片叶面积的6%～25%；3级，病斑面积占整片叶面积的26%～50%；4级，病斑面积占整片叶面积的51%以上。

$$病情指数 = 100 \times \sum （病级值 \times 该病级叶片数） / （最高病级值 \times 调查叶片数）$$

$$相对防效（\%） = 100 - （施药后药剂处理区病情指数 / 施药后清水对照区病情指数） \times 100$$

2. 结果与分析

（1）2种生物农药对炭疽病的防治效果

从表3-29可知，2种生物农药经3次使用后调查，对菜豆炭疽病的防治效果在24.4%以上。处理1和处理3施药后7 d、14 d、21 d防治效果相当；处理2和处理4施药后7 d、14 d、21 d防治效果相当。且处理2和处理4的防治效果显著高于处理1和处理3。处理2和处理4经3次施药后调查，对菜豆炭疽病防效分别可达到42.8%、43.6%。试验结果表明，3%多抗霉素水剂600倍稀释液和4%农抗120水剂300倍稀释液对菜豆炭疽病的防治效果明显。

表 3-29　2 种生物农药对炭疽病的防治效果

处理	施药后 7 d		施药后 14 d		施药后 21 d	
	病情指数	相对防效（%）	病情指数	相对防效（%）	病情指数	相对防效（%）
处理 1（3%多抗霉素900 倍）	21.31	12.3 b	22.13	22.4 b	23.55	24.4 b
处理 2（3%多抗霉素600 倍）	18.05	25.7 a	17.14	39.9 a	17.82	42.8 a
处理 3（4%农抗 120600 倍）	20.94	13.8 b	21.58	24.4 b	21.93	29.6 b
处理 4（4%农抗 120300 倍）	17.86	26.5 a	16.48	42.2 a	17.56	43.6 a
CK（清水）	24.30		28.53		31.15	

（2）对菜豆的安全性观察

施药后不定期观察植株，2 种生物农药施药后各处理区菜豆生长发育正常，未见任何不良影响，安全性较好。

3. 小结和讨论

多抗霉素、农抗 120 都属广谱性的生物农药，能较好抑制病原菌活力，具有较好的内吸传导作用，为低毒、无环境污染的安全农药。本试验表明，使用多抗霉素、农抗 120 均能明显减轻菜豆炭疽病的发病程度，对菜豆炭疽病的发生和蔓延具有良好的抑制效果，但效果尚较缓慢。生物药剂防治菜豆炭疽病的研究较少，为此，还需通过进一步的试验来完善防治方案，以期取得更好的防治效果。

综上所述，为有效防治菜豆炭疽病，建议在菜豆炭疽病未发生或发生前期进行施药预防。同时，为预防菜豆炭疽病病原菌可能产生的耐药性，在使用上轮换选择农抗 120、多抗霉素防治菜豆炭疽病，以取得更好的防治效果。

二、菜豆虫害防控技术研究

（一）2 种生物药剂对菜豆豆蚜的防效

豆蚜是丽水山地菜豆的主要害虫，以成虫和若虫刺吸嫩叶、嫩茎、花及嫩荚的汁液，导致植株叶片卷缩发黄，嫩荚变黄，严重时影响生长，造成减产。尤其是在晴天少雨的高温季节，豆蚜发生尤为严重，明显影响作物的产量和品质。为减少化学农药对环境的污染，寻求生物药剂替代化学农药防治豆蚜的方法，于2020年6月开展了生物药剂替代化学农药防治菜豆豆蚜的试验。

1. 材料与方法

（1）主要试验材料及试验地概况

试验地位于老竹镇榴溪村蔬菜基地，海拔高度约190 m；菜豆品种为丽芸2号；供试药剂为0.5%苦参碱水剂，2.5%多杀霉素悬浮剂。

（2）试验设计

试验设5个处理，处理1：0.5%苦参碱水剂2 000倍稀释液；处理2：0.5%苦参碱水剂1 000倍稀释液；处理3：2.5%多杀霉素悬浮剂1 200倍稀释液；处理4：2.5%多杀霉素悬浮剂800倍稀释液；处理5（CK）：10%吡虫啉可湿性粉剂1 000倍液。小区面积20 m²，3次重复，共15个小区，随机区组排列。试验于2020年6月25日采用常规喷雾法，将药剂均匀喷施于菜豆植株叶面，施药量以叶面均匀着药，出现液滴为止。

（3）调查方法

试验前每小区选择有豆蚜的植株5株，编号挂牌，定点调查施药前豆蚜基数，施药后1 d、3 d、5 d调查标记植株上的残存活虫数，计算虫口减退率和防治效果，并用Excel 2007软件和DPS 7.05软件进行数据处理及显著性检验（$P<0.05$）。同时观察记录药剂对菜豆的药害。

虫口减退率（%）=（药前虫口数-药后虫口数）/药前虫口数×100

防治效果（%）=（防治区虫口减退率-对照区虫口减退率）/（1-对照区虫口减退率）×100

2. 结果与分析

（1）2种生物农药对豆蚜的防治效果

从表3-30可知，喷药后5 d，对菜豆豆蚜防效在56.3%以上。处理2和CK（化学农药）施药后1 d、3 d、5 d的防治效果差异不显著，效果相当，且喷施后5 d，对菜豆豆蚜防效分别达到96.1%、98.7%。处理1、处理2、CK的防治效果显著高于处理3、处理4。试验结果表明，0.5%苦参碱水剂1 000倍稀释液、10%吡虫啉可湿性粉剂1 000倍液的效果相当，对菜豆豆蚜具有良好的防效。

表 3-30 2种生物农药对豆蚜的防治效果

处理	施药后 1 d		施药后 3 d		施药后 5 d	
	减退率（%）	防治效果（%）	减退率（%）	防治效果（%）	减退率（%）	防治效果（%）
处理 1（0.5%苦参碱2 000 倍）	64.7	64.7 b	75.7	75.7 b	84.1	84.1 b
处理 2（0.5%苦参碱1 000 倍）	76.3	76.3 a	85.2	85.2 a	96.1	96.1 a
处理 3（2.5%多杀霉素 1 200 倍）	43.8	43.8 c	48.7	48.7 c	56.3	56.3 c
处理 4（2.5%多杀霉素 800 倍）	46.3	46.3 c	53.6	53.6 c	62.7	62.7 c
CK（10%吡虫啉 1 000 倍）	78.9	78.9 a	89.6	89.6 a	98.7	98.7 a

（2）对菜豆的安全性观察

施药后不定期观察植株，2 种生物农药施药后各处理区菜豆生长发育正常，未见任何不良影响，安全性较好。

3. 小结和讨论

苦参碱是由豆科植物苦参的干燥根、茎叶、果实经乙醇等有机溶剂提取制成的一种生物碱，是一种天然植物性农药，对人畜低毒，是广谱杀虫剂，具有触杀和胃毒作用。多杀霉素是在多刺甘蔗多孢菌发酵液中提取的一种大环内酯类生物杀虫剂，是一种低毒、高效、广谱的杀虫剂。本试验初步表明，使用苦参碱、多杀霉素均能对菜豆豆蚜有较好的防治效果，但多杀霉素的防治效果相对差些。多杀霉素用于防治菜豆豆蚜的研究鲜见，为此，还需通过进一步的试验证明其防治效果。

综上所述，防治菜豆豆蚜，建议首选吡虫啉，其次为苦参碱，并轮换使用。

（二）2 种生物药剂对菜豆朱砂叶螨的防效

朱砂叶螨是丽水山地菜豆的主要螨类害虫，世代重叠严重，以成螨在叶背面吸食汁液，为害初期叶片正面出现较多白点，几天后叶柄处变红，重则落叶，状如火烧，造成大面积减产或绝收。朱砂叶螨适宜生长发育的温度为 10~35 ℃，最适温度为 26~31 ℃，最适相对湿度为 40%~65%。在丽水常以 5—7 月为害菜豆较为严重。为减少化学农药对环境的污染，寻求生物药剂替代化学农药防治朱砂叶螨的方法，于 2020 年开展了生物药剂替代化学农药防治菜豆朱砂叶螨的试验。

1. 材料与方法

（1）主要试验材料及试验地概况

试验地位于丽水市莲都区老竹镇榴溪村蔬菜基地，海拔高度约 190 m；菜豆品种为丽芸 2 号；供试药剂为 0.5% 苦参碱水剂，3% 印楝素乳油。

（2）试验设计

试验设 5 个处理，处理 1：0.5% 苦参碱水剂 1 500 倍稀释液；处理 2：0.5% 苦参碱水剂 1 000 倍稀释液；处理 3：3% 印楝素乳油 2 000 倍稀释液；处理 4：3% 印楝素乳油 1 500 倍稀释液；处理 5（CK）：清水对照。小区面积 13.5 m²，3 次重复，共 15 个小区，随机区组排列。试验于 2020 年 6 月 25 日采用常规喷雾法，将药剂均匀喷施于菜豆植株叶面，施药量以叶面均匀着药，出现液滴为止。

（3）调查方法

试验前每小区选择有朱砂叶螨的植株 3 株，编号挂牌，定点调查施药前朱砂叶螨基数，施药后 1 d、5 d、10 d 调查标记植株上的残存活虫数，计算虫口减退率和防治效果，并用 Excel 2007 软件和 DPS 7.05 软件进行数据处理及显著性检验（$P<0.05$）。同时观察记录药剂对菜豆的药害。

虫口减退率（%）=（药前虫口数-药后虫口数）/药前虫口数×100

防治效果（%）=（防治区虫口减退率-对照区虫口减退率）/（1-对照区虫口减退率）×100

2. 结果与分析

（1）2 种生物农药对朱砂叶螨的防治效果

从表 3-31 可知，喷施 2 种生物农药 10 d 后，对菜豆朱砂叶螨防治效果在 57.3% 以上。各处理施药后 1 d、5 d、10 d 防治效果差异显著；处理 1、处理 2 施药后 1 d、5 d、10 d 防治效果显著高于处理 3、处理 4。处理 1 与处理 2 相比，处理 2 防治效果显著；处理 3 与处理 4 相比，处理 4 防治效果显著。试验结果初步表明 0.5% 苦参碱水剂 1 000~1 500 倍稀释液对菜豆朱砂叶螨的防治效果优于 3%印棟素乳油 1 500～2 000倍稀释液，但均对朱砂叶螨具有良好的防效。

表3-31 2种生物农药对朱砂叶螨的防治效果

处理	施药后 1 d		施药后 5 d		施药后 10 d	
	减退率（%）	防治效果（%）	减退率（%）	防治效果（%）	减退率（%）	防治效果（%）
处理1（0.5%苦参碱水剂 1 500 倍）	56.7	56.4 b	77.4	77.2 b	87.5	87.4 b
处理2（0.5%苦参碱水剂 1 000 倍）	73.9	73.7 a	86.1	86.0 a	97.3	97.3 a
处理3（3%印棟素乳油 2 000 倍）	16.8	16.1 d	39.8	39.3 d	57.6	57.3 d
处理4（3%印棟素乳油 1 500 倍）	25.3	24.7 c	48.2	47.8 c	68.9	68.6 c
CK（清水）	0.8	—	1.2	—	2.6	—

（2）对菜豆的安全性观察

施药后不定期观察植株，2种生物农药施药后各处理区菜豆生长发育正常，未见任何不良影响，安全性较好。

3. 小结和讨论

苦参碱是由豆科植物苦参的干燥根、茎叶、果实经乙醇等有机溶剂提取制成的一种生物碱，是一种天然植物性农药，对人畜低毒，是广谱杀虫剂，具有触杀和胃毒作用。印棟素是从印棟树中提取的植物性杀虫剂，是当今世界上公认的优秀生物农药，对害虫具有拒食、忌避、毒杀及影响昆虫生长发育等多种作用，并有良好的内吸传导特性。具有高效、低毒、广谱，对人、畜、鸟类和蜜蜂安全，不影响捕食性及寄生性天敌，在环境中降解迅速的特点。本试验结果初步表明，0.5%苦参碱水剂 1 000～1 500倍稀释液和3%印棟素乳油 1 500～2 000倍稀释液对菜豆朱砂叶螨具有良好的防效。在防治菜豆朱砂叶螨上，建议首选苦参碱，其次为印棟素，至于2种生物农药如何混合使用以提高防治菜豆朱砂叶螨效果，还需今后的进一步试验。

（三）不同色板对菜豆蚜虫、蓟马的诱杀效果

蚜虫、蓟马是丽水山地菜豆的主要害虫，以成虫和若虫刺吸（锉吸）植

株汁液，导致叶片卷缩等，为害菜豆正常生长，影响菜豆产量和品质。物理防治是防治有害生物的主要技术措施之一，是根据有害生物对某些物理因素反应的规律，利用器械、光、热、电、温度、湿度和声波等各种物理因素或方法防避、抑制、钝化、消除、捕杀有害生物的方法，常见的有杀虫灯诱杀、色板诱杀、防虫网阻隔等技术。色板诱杀技术是利用害虫对色彩的趋性诱杀害虫的一种物理防治技术，具有操作方法简便、防效明显、安全环保、对天敌伤害少等优点，是绿色栽培中防治害虫的重要技术措施之一。为减少化学农药对环境的污染，寻求物理防治替代化学农药防治菜豆害虫的方法，于2020年开展了应用色板诱杀菜豆蚜虫、蓟马的试验。

1. 材料与方法

（1）主要试验材料及试验地概况

试验地位于老竹镇榴溪村蔬菜基地，海拔高度约190 m，菜豆品种为丽芸2号；供试材料为黄色粘虫板和蓝色粘虫板（漳州市英格尔农业科技有限公司生产），规格为20 cm×25 cm，目标害虫为蚜虫、蓟马。

（2）试验设计及调查方法

试验设2个处理，处理1：黄色粘虫板4片；处理2：蓝色粘虫板4片；小区面积50 m² （畦长50 m×宽1 m），3次重复，共6个小区，各处理间隔排列。试验于2020年5月8日首次布置，粘虫板间隔10 m悬挂于种植行中部；黄板安置高度高于植株高度10 cm，蓝板安置高度低于植株高度10 cm，5 d后17：00取下粘虫板，每小区随机选择2片，统计目标害虫数量，并重新换上新粘虫板，5 d后17：00再取下。试验期间每隔5 d悬挂色板1次，共4次；并在每次取粘虫板日，观察处理区及非处理区豆蚜、蓟马对菜豆的为害程度。

（3）数据处理

统计数据采用Excel 2007软件和DPS 7.05软件进行数据处理及显著性检验（$P<0.05$）。

2. 结果与分析

（1）2种不同色板对菜豆蚜虫、蓟马的诱杀效果

从表3-32可知，田间悬挂不同色板均可诱杀菜豆蚜虫、蓟马，但不同色板诱杀菜豆蚜虫、蓟马的效果差异明显。试验期间，黄色粘虫板每5 d对

蚜虫的诱杀效果为227~338头/片，每5 d平均诱杀300.3头/片，而对蓟马的诱杀效果为18~35头/片，每5 d平均诱杀25.3头/片，黄色粘虫板对蚜虫的诱杀效果显著高于蓟马。蓝色粘虫板每5 d对蓟马的诱杀效果为87~192头/片，每5 d平均诱杀139.8头/片，而对蚜虫的诱杀效果为31~65头/片，每5 d平均诱杀49.8头/片，蓝色粘虫板对蓟马的诱杀效果显著高于蚜虫。由此可见，菜豆蚜虫和蓟马对不同颜色的趋性不同，菜豆蚜虫对黄色有强趋性，而对蓝色仅为弱趋性；菜豆蓟马对蓝色有强趋性，而对黄色仅为弱趋性。为此，可根据田间不同害虫的种类及虫口密度，选择不同颜色的色板，并悬挂适宜数量的色板，以控制菜豆田间害虫。

表3-32 不同色板对菜豆蚜虫、蓟马的诱杀效果

色板类型	第一次调查		第二次调查		第三次调查		第四次调查		4次调查均值	
	蚜虫（头/片）	蓟马（头/片）	蚜虫（头/片）	蓟马（头/片）	蚜虫（头/片）	蓟马（头/片）	蚜虫（头/片）	蓟马（头/片）	蚜虫（头/片）	蓟马（头/片）
黄色粘虫板	227 b	18 a	338 b	22 a	315 b	26 a	321 b	35 a	300.3	25.3
蓝色粘虫板	31 a	87 b	45 a	114 b	58 a	166 b	65 a	192 b	49.8	139.8

（2）处理区及非处理区蚜虫、蓟马对菜豆的为害程度

根据试验期间对处理区及非处理区蚜虫、蓟马对菜豆的为害程度的观察，总体上发现处理区菜豆叶片因蚜虫、蓟马刺吸（锉吸）而卷缩的较少，为害程度较轻或轻微（表3-33）。悬挂黄色粘虫板的处理区，蚜虫对菜豆的为害轻微，蓟马对菜豆的为害重于蚜虫的为害；悬挂蓝色粘虫板的处理区，蓟马对菜豆的为害轻微，蚜虫对菜豆的为害重于蓟马的为害。而非处理区蚜虫、蓟马对菜豆的为害程度比较明显，叶片因蚜虫、蓟马刺吸（锉吸）而卷缩的较多。

表3-33 不同色板处理区蚜虫、蓟马对菜豆为害程度观察

处理	第一次观察为害程度		第二次观察为害程度		第三次观察为害程度		第四次观察为害程度		总体为害程度评价	
	蚜虫	蓟马	蚜虫	蓟马	蚜虫	蓟马	蚜虫	蓟马	蚜虫	蓟马
黄色粘虫板	轻微	较轻	轻微	较轻	轻微	较轻	轻微	较轻	轻微	较轻
蓝色粘虫板	较轻	轻微	较轻	轻微	较轻	轻微	较轻	轻微	较轻	轻微
CK	明显	明显	明显	明显	明显	明显	明显	明显	明显	明显

3. 小 结

色板诱杀技术作为绿色栽培中防治害虫的主要措施之一，具有诱虫谱广、诱杀作用明显的特点，可避免或减少使用化学杀虫剂，对多数天敌昆虫伤害小，有利于害虫天敌的种群增长，具有广阔的应用前景。不同颜色的色板诱杀害虫的效果具有差异，除与色板的颜色有显著相关外，可能还与色板的大小、形状、悬挂高度以及虫量发生相关。本试验研究结果表明，黄色粘虫板对蚜虫的诱杀效果明显，而蓝色粘虫板对蓟马的诱杀效果明显。为此，在菜豆生产上，可根据蚜虫、蓟马的田间发生情况，于有翅蚜迁飞期，每 667 m^2 悬挂 30~50 片黄板诱杀蚜虫，悬挂高度稍高于植株高度；蓟马成虫盛发期，每 667 m^2 悬挂 30~50 片蓝板诱杀蓟马，可以明显控制蚜虫、蓟马对菜豆为害。

第三节　菜豆生产栽培模式创新与应用

农作制度是社会经济发展到一定阶段，结合当时科技进步发展水平，形成的以作物布局为中心，以人们追求为目标，以科技进步为支撑，以改善生产条件为基础，以遵循合理、安全、生态、可持续为原则的种植体系。其主要特点在于广泛采用间套作，增加复种指数，创造出合理的菜田群体结构，提高日光能和土壤肥力利用率；另一特点就是重视轮作换茬、土壤耕作与休闲等制度来减轻病虫害，恢复与提高土壤肥力。

保持农民收入稳定增长是"三农"工作的重要内容。在稳定粮食生产的基础上，增加农民收入，就必须加快对高效种植模式、稳粮增效模式的研究，积极创新种植模式，不断提高种植效益，使农作制度向着科学合理、高产高效、优质安全、可持续方向发展。

轮作是种植制度改革的方式之一，轮作对寄主范围狭窄、食性单一的有害生物，可恶化其营养条件和生存环境，或切断其生命活动过程的某一环节；对一些土传病害和专性寄主或腐生性不强的病原物，也有较好的防效。轮作有利于改善连作土壤中微生物结构，增强微生物活性和繁殖能力；增强土壤转化酶、脲酶、过氧化氢酶和多酚氧化酶活性；提高土壤肥力，改善作物生长发育，提高产量和品质[113]。水旱轮作可有效改善土壤次生盐渍化导致的连作障碍,旱作时,土壤中微生物以好气型真菌为主;水作时,土壤中微生物以厌氧型细菌为主,抑制了旱作时土壤中积累的病原真菌,且盐渍可通过水分的下渗而淋溶,因此水旱轮作增加了有益微生物的数量,使土壤生态环境得到一定修复[114]。

丽水农业立体气候特征明显,土壤类型多样,农作物品种资源丰富,为农作制度的创新提供自然地理条件。在浙江省农业技术推广中心、丽水市农业技术推广基金会、丽水市莲都区科技局等单位的支持下,丽水农业技术人员开展了以防控菜豆连作障碍为重点的农作制度研究,总结出了菜豆与水稻、茭白的水旱轮作及菜豆与 C_4 作物轮作制度。通过这些轮作制度的种植模式推广,取得了"改善土壤结构,增加土壤的通气性,提高地力水平;改善农田生态环境,减轻蔬菜连作障碍,减少农药使用量,减轻环境的污染;提高复种指数,土地、温光资源得到充分利用,提高种植效益,增加农民收入"的效果。广大菜农也利用丘陵平原地区全年热量大、无霜期长和山区菜豆茬前茬后的空闲土地等特点,结合设施农业和市场需求,积极开展菜豆与其他多种作物搭配的周年多熟栽培实践,总结出了多种具有区域特色的高产、高效的栽培模式,并在农业生产中择优推广应用,取得了显著的经济、社会和生态效益。现就 2018 年以后丽水菜豆生产栽培模式介绍如下。

一、菜豆—水稻—冬菜一年三熟高产高效栽培模式

(一) 基本情况

菜豆—水稻—冬菜一年三熟栽培模式主要分布在浙江省丽水市莲都区碧湖镇,并已连续多年实现"千斤粮、万元钱"的目标。2012 年丽水市莲都区农业推广中心与丽水市碧湖绿源长豇豆专业合作社在该镇建立 7.5 hm² 的菜豆—水稻—冬菜一年三熟高产高效栽培模式示范基地,参与"丽水市亩产千斤粮、万元钱十佳农作制度创新模式大赛"活动,于 2013 年被评为"丽水市十佳农作制度创新模式"。在该模式的启发下,农业科技人员探索总结形成了菜豆—水稻—冬菜一年三熟栽培模式。

（二）茬口安排

茬口安排见表3-34。

表3-34　菜豆—水稻—冬菜一年三熟栽培模式茬口安排

作物	栽培方式	播种期	移栽期	采收期
菜豆	大棚套小拱棚营养钵育苗+移栽露地地膜覆盖+套小拱棚栽培	2月中下旬	3月中下旬	5月上旬至6月下旬
	地膜覆盖直播+套小拱棚栽培	2月下旬至3月上旬		
水稻	露地	5月下旬至6月上旬	6月下旬至7月上旬	10月上中旬
冬菜	露地	9月至10月	10月至11月	翌年1月至3月中旬

（三）产量及效益

产量及效益见表3-35。

表3-35　菜豆—水稻—冬菜一年三熟高产高效栽培模式产量及效益

作物	产量（kg/667 m^2）	产值（元/667 m^2）	净收入（元/667 m^2）
菜豆	1 500	7 500	5 000
水稻	550	2 500	1 000
冬菜	2 500	5 800	4 100
合计	4 550	15 800	10 100

（四）模式主要特点及推广的关键注意事项

1. 模式主要特点

该模式实施水旱轮作，能有效解决蔬菜连作障碍问题，减轻蔬菜病虫害的发生，减少农药和化肥的使用量，提高农产品产量和品质，增加农民的收入。此外，还能有效减少冬季农田抛荒，对稳定粮食播种面积和粮食安全意义重大，具有良好的经济、生态和社会效益。该模式适宜丽水市海拔200 m以下区域种植，以海拔100 m以下为佳。

2. 推广的关键注意事项

①选择排灌方便，保水能力强的田块。

②选择对日照要求不严、耐寒、产量高、品质好、耐贮运的早中熟菜豆良种。

③预防早春低温阴雨天气对菜豆的危害。

④换茬后要及时翻耕，确保茬口衔接。

⑤与常规水稻栽培相比要减少氮肥用量，慎施穗肥、适施钾肥，防贪青倒伏。

⑥农田农业化学投入品的使用要防止对后茬作物产生不良影响。

⑦注意作物品种的合理选择，以后茬优质、高产、高效益为目的。冬菜选择儿菜（孢子芥）、油冬菜、萝卜、莴苣为主。

二、大棚菜豆—黄瓜—芹菜一年三熟高产高效栽培模式

（一）模式特点

该模式利用不同科的 3 种作物轮作，能有效地解决蔬菜连作障碍问题，减轻蔬菜病虫害的发生，减少农药和化肥的使用量。并充分利用大棚设施资源，增加单位面积经济效益，增加农民的收入，具有良好的经济效益、生态效益和社会效益。在黄瓜品种选择上可选用地方品种丽水白皮黄瓜，因该品种品质优，在本地市场销路好，市场售价高于常规种植品种的 1.5~3.0 倍，足可弥补因其产量低于常规种植品种约 50% 而产生的收益损失，并提高地方品种资源直接的价值，实现地方品种资源保护与利用的可持续发展，达到经济效益与社会效益相统一。该模式适宜丽水市海拔 400 m 以下区域种植，以海拔 200 m 以下为佳。

（二）茬口安排

茬口安排见表3-36。

表3-36　大棚菜豆—黄瓜—芹菜一年三熟高产高效栽培模式茬口安排

作物	播种期	定植期	采收期
菜豆	1月中下旬	2月中下旬	5月至6月中旬

（续表）

作物	播种期	定植期	采收期
黄瓜	5 月下旬	6 月中旬	7 月至 8 月中下旬
芹菜	9 月上中旬	10 月下旬	翌年 1 月至 3 月上旬

（三）产量及效益

产量及效益见表 3-37。

表 3-37　大棚菜豆—黄瓜—芹菜一年三熟高产高效栽培模式产量及效益

作物	产量 （kg/667 m²）	产值 （元/667 m²）	净收入 （元/667 m²）
菜豆	1 350	6 500	4 000
黄瓜	5 500（丽水白 皮黄瓜 2 500）	10 000	6 500
芹菜	3 500	9 000	6 500
合计	10 350	25 500	17 000

三、蚕豆—西瓜—菜豆一年三熟高产高效栽培模式

（一）模式特点

该模式能充分利用土地、温光资源，有效减少冬季农田抛荒，提高复种指数，增加单位面积经济效益，增加农民的收入，对稳定蔬菜和粮食播种面积，确保蔬菜和粮食安全意义重大，具有良好的经济效益、生态效益和社会效益。同时蚕豆秸秆生物量大，还田后可增加土壤肥力、改良土壤，减少后茬的化肥使用量。该模式适宜丽水市海拔 300 m 以下区域种植，以海拔 100 m 以下为佳。

（二）茬口安排

茬口安排见表 3-38。

表 3-38 蚕豆—西瓜—菜豆一年三熟高产高效栽培模式茬口安排

作物	播种期	定植期	采收期
蚕豆	10 月下旬至 11 上旬		3 月下旬至 4 月上旬
西瓜	4 月中下旬	5 月中下旬	7 月下旬至 8 月中下旬
菜豆	8 月中下旬		10 月中下旬

（三）产量及效益

产量及效益见表 3-39。

表 3-39 蚕豆—西瓜—菜豆一年三熟高产高效栽培模式产量及效益

作物	产量 （kg/667 m²）	产值 （元/667 m²）	净收入 （元/667 m²）
蚕豆	800	3 500	2 000
西瓜	2 500	4 500	3 500
菜豆	1 000	5 000	3 500
合计	4 300	13 000	9 000

四、菜豆—茄子—莴苣一年三熟高产高效栽培模式

（一）模式特点

该模式种植菜豆早期采用"地膜覆盖直播+套小拱棚栽培"，播种后应搭高 50~80 cm 小拱棚保温防寒；当露地温度稳定在 15 ℃以上后，可逐渐撤除小拱棚上的薄膜，实现菜豆提早播种、提早收获。能充分利用土地、温光资源，有效减少冬季农田抛荒，提高复种指数，增加单位面积经济效益，增加农民的收入，对稳定蔬菜面积和安全意义重大，具有良好的经济效益、生态效益和社会效益。该模式适宜丽水市海拔 300 m 以下区域种植，以海拔 100 m 以下为佳。

（二）茬口安排

茬口安排见表 3-40。

表 3-40 菜豆—茄子—莴苣一年三熟高产高效栽培模式茬口安排

作物	播种期	定植期	采收期
菜豆	2 月下旬至 3 月上旬		5 月上旬至 6 月下旬
茄子	6 月下旬至 7 月中旬	7 月下旬至 8 月下旬	9 月下旬至 12 月中下旬
莴苣	11 月上旬至 12 月中旬	12 月中旬至 12 月下旬	翌年 2 月至 4 月

（三）产量及效益

产量及效益见表 3-41。

表 3-41 菜豆—茄子—莴苣一年三熟高产高效栽培模式产量及效益

作物	产量 （kg/667 m^2）	产值 （元/667 m^2）	净收入 （元/667 m^2）
菜豆	1 500	6 500	4 000
茄子	3 500	11 000	8 000
莴苣	2 500	5 000	3 500
合计	7 500	22 500	15 500

五、马铃薯—菜豆—芹菜一年三熟高产高效栽培模式

（一）模式特点

该模式利用山区得天独厚的自然环境优势种植反季节菜豆，通过不同科的 3 种作物轮作，能有效地解决蔬菜连作障碍问题，减轻蔬菜病虫害的发生，减少农药和化肥的使用量。同时，充分利用了土地、温光资源，有效减少冬季农田抛荒，提高复种指数，增加单位面积经济效益，增加农民的收入，对稳定蔬菜和粮食播种面积，确保蔬菜和粮食安全意义重大，具有良好的经济效益、生态效益和社会效益。该模式适宜丽水市海拔 450 m 以下区域种植，以海拔 300 m 以下为佳。

（二）茬口安排

茬口安排见表 3-42。

表 3-42　马铃薯—菜豆—芹菜一年三熟高产高效栽培模式茬口安排

作物	播种期	定植期	采收期
马铃薯	3 月		6 月上中旬
菜豆	6 月中旬		8 月中下旬
芹菜	8 月中下旬	9 月下旬	11 月

（三）产量及效益

产量及效益见表 3-43。

表 3-43　马铃薯—菜豆—芹菜一年三熟高产高效栽培模式产量及效益

作物	产量 （kg/667 m²）	产值 （元/667 m²）	净收入 （元/667 m²）
马铃薯	1 500	4 500	3 500
菜豆	1 500	8 000	6 000
芹菜	2 200	6 500	4 500
合计	5 200	19 000	14 000

六、菜豆—大豆—芥菜一年三熟高产高效栽培模式

（一）模式特点

该模式中种植 2 种深根系的豆科植物，有强大的主根和侧根，其根系上有共生的根瘤菌，根瘤菌在根瘤中能固定空气中的氮，为作物生长提供了部分氮素，从而减少了化肥的使用。同时，豆科植物所固定的氮素随残株、残根大量存留在土壤中；其秸秆还田后增加土壤有机质，提高土壤肥力，改善土壤，具有良好的生态效益、社会效益、经济效益。该模式适宜丽水市海拔 300 m 以下区域种植，以海拔 100 m 以下为佳。

（二）茬口安排

茬口安排见表 3-44。

表 3-44　菜豆—大豆—芥菜一年三熟高产高效栽培模式茬口安排

作物	播种期	定植期	采收期
菜豆	2 月下旬至 3 月上旬		5 月上旬至 6 月下旬
大豆	6 月中旬至 7 月下旬		9 月中旬至 10 月中旬
芥菜	9 月下旬至 10 月中旬	11 月上中旬	翌年 2 月至 3 月

（三）产量及效益

产量及效益见表 3-45。

表 3-45　菜豆—大豆—芥菜一年三熟高产高效栽培模式产量及效益

作物	产量 （kg/667 m^2）	产值 （元/667 m^2）	净收入 （元/667 m^2）
菜豆	1 500	6 500	4 000
大豆	700	3 000	2 000
芥菜	5 000	3 500	2 500
合计	7 200	13 000	8 500

七、菜豆—玉米—芥菜一年三熟高产高效栽培模式

（一）模式特点

该模式利用不同科的 3 种作物轮作，能有效地解决蔬菜连作障碍问题，减轻蔬菜病虫害的发生，减少农药和化肥的使用量，提高农产品产量和品质，增加农民的收入。此外，还能有效减少冬季农田抛荒，对稳定粮食播种面积和粮食安全意义重大，具有良好的经济、生态和社会效益。同时，玉米的根系发达、入土深，能够吸收土壤深层的养分，降低土壤盐分，对土壤次生盐渍化的菜田改良具有良好效果；其秸秆还田后带入的养分数量可观。该模式适宜丽水市海拔 300 m 以下区域种植，以海拔 100 m 以下为佳。

（二）茬口安排

茬口安排见表 3-46。

表 3-46　菜豆—玉米—芥菜一年三熟高产高效栽培模式茬口安排

作物	播种期	定植期	采收期
菜豆	2 月下旬至 3 月上旬		5 月上旬至 6 月下旬
玉米	6 月下旬至 7 月上旬		9 月下旬至 10 月上旬
芥菜	9 月下旬至 10 月中旬	11 月上中旬	翌年 2 月至 3 月

（三）产量及效益

产量及效益见表 3-47。

表 3-47　菜豆—玉米—芥菜一年三熟高产高效栽培模式产量及效益

作物	产量 （kg/667 m²）	产值 （元/667 m²）	净收入 （元/667 m²）
菜豆	1 500	6 500	4 000
玉米	650	3 000	2 000
芥菜	5 000	3 500	2 500
合计	7 150	13 000	8 500

八、马铃薯—瓠瓜—菜豆一年三熟高产高效栽培模式

（一）模式特点

该模式早期种植马铃薯，采用"地膜覆盖直播栽培"方案，实现马铃薯提早播种、提早收获。该模式通过不同科的 3 种作物轮作，能有效地解决蔬菜连作障碍问题，减轻蔬菜病虫害的发生，减少农药和化肥的使用量。还利用前茬瓠瓜棚架资源，套种菜豆，减少生产成本，提高蔬菜的生产效益。同时，充分利用了土地、温光资源，有效减少冬季农田抛荒，提高复种指数，增加单位面积经济效益，增加农民的收入，对稳定蔬菜和粮食播种面积，确保蔬菜和粮食安全意义重大。具有良好的经济效益、生态效益和社会效益。该模式适宜丽水市海拔 200~500 m 区域种植，以海拔 300 m 左右为佳。

（二）茬口安排

茬口安排见表 3-48。

表 3-48　马铃薯—瓠瓜—菜豆一年三熟高产高效栽培模式茬口安排

作物	播种期	定植期	采收期
马铃薯	1 月中下旬		4 月下旬至 5 月上旬
瓠瓜	4 月下旬	5 月上中旬	6 月下旬至 8 月上旬
菜豆	7 月下旬至 8 月上旬		9 月上旬至 11 月上旬

（三）产量及效益

产量及效益见表 3-49。

表 3-49　马铃薯—瓠瓜—菜豆一年三熟高产高效栽培模式产量及效益

作物	产量 （kg/667 m^2）	产值 （元/667 m^2）	净收入 （元/667 m^2）
马铃薯	1 500	4 500	3 500
瓠瓜	4 000	10 000	7 000
菜豆	1 500	8 000	6 000
合计	7 000	22 500	16 500

九、菜豆—油菜一年两熟高产高效栽培模式

（一）模式特点

该模式充分利用前茬菜豆种植中遗留土中的肥料作为后茬油菜的养分，减少了化肥投入，省工节本，在增加土地复种指数的同时提高了土地产出率，具有良好的经济效益、生态效益和社会效益。该模式适宜丽水市海拔 500~700 m 区域种植，以海拔 500 m 为佳。

（二）茬口安排

茬口安排见表 3-50。

表 3-50　菜豆—油菜一年两熟高产高效栽培模式茬口安排

作物	播种期	定植期	采收期
菜豆	5 月中下旬		7 月上旬至 10 月上旬
油菜	9 月下旬至 10 月上旬	11 月上中旬	翌年 5 月中下旬

（三）产量及效益

产量及效益见表 3-51。

表 3-51　菜豆—油菜一年两熟高产高效栽培模式产量及效益

作物	产量 （kg/667 m²）	产值 （元/667 m²）	净收入 （元/667 m²）
菜豆	2 250	12 500	9 500
油菜	100	2 500	1 500
合计	2 350	15 000	11 000

十、松花菜—菜豆一年两熟高产高效栽培模式

（一）模式特点

该模式种植松花菜早期采用"地膜覆盖直播+套小拱棚栽培"，播种后应搭高 50~80 cm 小拱棚保温防寒；当露地温度稳定在 15 ℃ 以上后，可逐渐撤除小拱棚上的薄膜，实现松花菜提早播种、提早收获。后茬利用高海拔山区得天独厚的自然环境优势种植菜豆，充分利用土地、温光资源，开展菜豆长季节栽培，延长菜豆采收期，增加产量，增加单位面积经济效益，增加农民的收入，对稳定蔬菜面积和安全意义重大，具有良好的经济效益、生态效益和社会效益。该模式适宜丽水市海拔 750 m 以上区域种植，以海拔 750~900 m 为佳。

（二）茬口安排

茬口安排见表 3-52。

表 3-52　松花菜—菜豆一年两熟高产高效栽培模式茬口安排

作物	播种期	定植期	采收期
松花菜	1月中旬至2月上旬	2月中下旬	5月下旬至6月中旬
菜豆	6月上旬至7月上旬		7月中旬至10月中旬

（三）产量及效益

产量及效益见表3-53。

表 3-53　松花菜—菜豆一年两熟高产高效栽培模式产量及效益

作物	产量 （kg/667 m²）	产值 （元/667 m²）	净收入 （元/667 m²）
松花菜	1 500	4 500	3 000
菜豆	2 000	11 500	8 000
合计	3 500	16 000	11 000

十一、大棚菜豆—双季茭一年三熟高产高效栽培模式

（一）模式特点

该模式实施水旱轮作，能有效解决蔬菜连作障碍问题，减轻蔬菜病虫害的发生，减少农药和化肥的使用量，提高农产品产量和品质，增加农民的收入。此外，还能有效减少冬季农田抛荒，对稳定蔬菜播种面积和蔬菜安全意义重大，具有良好的经济、生态和社会效益。该模式适宜丽水市海拔200 m以下区域种植，以海拔100 m以下为佳。

（二）茬口安排

茬口安排见表3-54。

表 3-54　大棚菜豆—双季茭一年三熟高产高效栽培模式茬口安排

作物	播种期	定植期	采收期
菜豆	2月下旬至3月上旬		5月上旬至6月下旬

（续表）

作物	播种期	定植期	采收期
茭白（秋茭）	5月寄秧	7月中下旬	10月上中旬始
茭白（夏茭）	12月下旬覆膜		翌年4月上旬至6月中旬

（三）产量及效益

产量及效益见表3-55。

表3-55　大棚菜豆—双季茭一年三熟高产高效栽培模式产量及效益

作物	产量 （kg/667 m²）	产值 （元/667 m²）	净收入 （元/667 m²）
菜豆	1 500	7 000	5 000
茭白	3 000	9 000	6 500
合计	4 500	16 000	11 500

十二、菜豆—玉米—白菜一年三熟高产高效栽培模式

（一）模式特点

该模式利用不同科的3种作物轮作，克服种植同类作物引起的连作障碍，减轻蔬菜土传病害的发生，能有效地解决蔬菜连作障碍问题，减轻蔬菜病虫害的发生，减少农药和化肥的使用量，提高农产品产量和品质，增加农民的收入。此外，还能有效减少冬季农田抛荒，对稳定粮食播种面积和粮食安全意义重大，具有良好的经济、生态和社会效益。同时，玉米的根系发达、入土深，能够吸收土壤深层的养分，降低土壤盐分，对土壤次生盐渍化的菜田改良具有良好效果，其秸秆还田后带入的养分数量可观。该模式适宜丽水市海拔300 m以下区域种植，以海拔100 m以下为佳。

在白菜品种选择上可选用地方品种丽水迟黄芽菜，该品种品质佳，抗病性强，耐寒性强，在冬季仍能正常生长和结球，2—3月采收，此时大部分结球白菜已退市，故该品种颇受市民喜欢，市场售价也高于其他白菜，并可提高地方品种资源直接的价值，实现地方品种资源保护与利用的

可持续发展，达到经济效益与社会效益相统一。

（二）茬口安排

茬口安排见表3-56。

表3-56 菜豆—玉米—白菜一年三熟高产高效栽培模式茬口安排

作物	播种期	定植期	采收期
菜豆	2月下旬至3月上旬		5月上旬至6月下旬
玉米	6月下旬至7月上旬		9月下旬至10月上旬
白菜	10月下旬	11月下旬至12月上旬	翌年2月至3月

（三）产量及效益

产量及效益见表3-57。

表3-57 菜豆—玉米—白菜一年三熟高产高效栽培模式产量及效益

作物	产量（kg/667 m^2）	产值（元/667 m^2）	净收入（元/667 m^2）
菜豆	1 500	6 500	4 000
玉米	650	3 000	2 000
白菜	2 500	6 500	4 000
合计	4 650	16 000	10 000

第四节　菜豆新品种引选

一、丽水中海拔山地菜豆品种比较试验

菜豆（*Phaseolus vulgaris* L.）属豆科菜豆属一年生缠绕或近直立草本植物，原产美洲的墨西哥和阿根廷，中国在16世纪开始引种栽培[115-117]。作为一种引入作物，菜豆在中国种植广泛，2017年中国菜豆的栽培面积和产量居于世界前列[5]。鲜菜豆富含蛋白质、总糖，低脂肪，还含有矿物质、维生素、氨基酸、脂类、膳食纤维等营养物质[36]。菜豆味道鲜美，

营养丰富，受到人们的广泛喜爱[118]，是我国三大主要果菜类之一[119]。丽水市地处浙江省西南、浙闽两省接合部，山地面积约占 90%，是个"九山半水半分田"的山区[39]，其海拔 500~1 000 m[120]的中起伏山地夏秋季气候相对凉爽，自然生态环境优异，阳光尚充足，日夜温差大，天气凉爽，非常适宜菜豆的生长，果实质量较好。目前市场上销售的菜豆品种很多，但外引的新品种能否适应在丽水市中起伏山地种植，产量表现如何等尚不明确。为此于 2020 年在丽水市莲都区峰源乡尤源村蔬菜基地（海拔高度约 930 m）进行了 2 个引进菜豆新品种的比较试验，以期筛选出适合浙西南中海拔山地栽培的丰产、优质菜豆品种，为种植户选择菜豆品种提供参考。

（一）材料与方法

1. 试验材料及试验地概况

试验材料为菜豆品种浙芸 9 号和翠芸十号，株型均为蔓生，以当地已推广种植的优势品种丽芸 2 号为对照，参试品种名称、供种单位信息详见表 3-58。试验地位于尤源村的山地，海拔高度约 930 m，土壤为黏壤土，有机质含量为 33.6 g/kg，有效磷含量为 69.1 mg/kg，速效钾含量为 114.2 mg/kg，碱解氮含量为 142.1 mg/kg，可溶性盐分含量为 1.6 g/kg，pH 值为 5.65。

表 3-58　参试菜豆品种详细信息

品种	生长习性	供种单位
浙芸 9 号	蔓生	浙江之豇种业有限责任公司
翠芸十号	蔓生	夏农（厦门）农业科技有限公司
丽芸 2 号（CK）	蔓生	浙江省丽水市农林科学研究院

2. 试验方法

试验地于 2019 年 9 月底深翻耕作层 25 cm，撒播种植紫云英。2020 年 3 月 25 日紫云英还田，每 667 m² 还田量 1 000 kg。后做高畦，畦高 25 cm，畦宽 100 cm，沟宽 40 cm。结合紫云英还田，基肥于畦中开沟施入，每 667 m² 施鸡粪 1 500 kg、45% 的三元复合肥（$m_N : m_P : m_K = 15 : 15 :$

15) 35 kg、黄腐酸钾 15 kg，基肥施后覆膜。试验采取随机区组设计，小区长 18 m，畦宽（含沟）140 cm，面积 25.2 m²，3 次重复，共 9 个小区。4 月 26 日播种，播种前以种子重量 0.1% 的 99% 噁霉灵可湿性粉剂拌种，穴播，每畦 2 行，小行距 50 cm，穴距 40 cm，每穴播种 3 粒，播后盖土 1~2 cm。5 月 5 日补苗，每穴留 3 株健壮苗。始收后采用水肥一体化技术追肥，每 667 m² 施高钾型复合肥 10 kg；采收盛期每隔 10~15 d 施肥 12.5 kg；采收后期根据植株长势及肥水酌情减少施肥，或不施肥。

试验期间以田间观测和室内考种的方式，考察各菜豆品种的植物学性状和经济性状。每小区随机选择 3 穴作为样本，观察记录出苗期、始花期、始收期、终收期、发病株数等，比较各品种的生育期和抗病性。始收后观察花色、荚形、荚色，记录各小区的产量。并于始收后的 10 d 内，每小区随机选择 2 穴，每穴采收 10 个商品嫩荚，测定荚长、荚宽、荚厚、单荚重等，比较参试品种与对照品种的差异。

3. 数据分析

嫩荚性状及小区产量等试验数据采用 Excel 2007 进行处理，采用 SPSS 11.0 软件进行显著性检验（$P<0.05$）。

（二）结果与分析

1. 不同菜豆品种生育期调查

由表 3-59 可知，2 个参试菜豆品种的始花天数均为 41 d，始收天数均为 54 d，采收期天数为 29~30 d，全生育期为 87~88 d。与对照丽芸 2 号相比，2 个参试品种的采收期天数、始花天数、始收天数和全生育期均差异不显著。

表 3-59　不同菜豆品种生育期调查比较

品种	播种期 （月-日）	出苗期 （月-日）	始花期 （月-日）	始收期 （月-日）	终收期 （月-日）	采收期 天数 (d)	始花天数 (d)	始收天数 (d)	全生育期 (d)
浙芸 9 号	04-26	05-02	06-06	06-19	07-18	30 a	41 a	54 a	88 a
翠芸十号	04-26	05-02	06-06	06-19	07-17	29 a	41 a	54 a	87 a
丽芸 2 号（CK）	04-26	05-02	06-07	06-20	07-18	29 a	42 a	55 a	88 a

注：表中同列数据后不同小写字母表示差异显著（$P<0.05$），下同。

2. 不同菜豆品种植物学性状及果荚性状比较

由表3-60可知，2个参试品种和对照品种均为蔓生型，花冠红色，且嫩荚均为浅绿色扁条状不易纤维化的荚果。2个参试品种的荚长17.3~17.8 cm，荚宽均为0.9 cm，单荚重变幅9.7~10.6 g。翠芸十号的荚长、荚宽、荚厚、单荚重均显著低于对照丽芸2号，浙芸9号仅荚宽显著低于对照，荚长、荚厚和单荚重与对照差异不显著。

表3-60 不同菜豆品种的生态学特征和果荚性状比较

品种	生长习性	花色	嫩荚颜色	荚形	荚长(cm)	荚宽(cm)	荚厚(cm)	单荚重(g)	纤维化	品质
浙芸9号	蔓生	红色	浅绿	扁条	17.8 a	0.9 b	0.82 a	10.6 a	不易	佳
翠芸十号	蔓生	红色	浅绿	扁条	17.3 b	0.9 b	0.78 b	9.7 b	不易	佳
丽芸2号（CK）	蔓生	红色	浅绿	扁条	19.1 a	1.0 a	0.86 a	11.2 a	不易	佳

3. 不同菜豆品种抗病性调查

由表3-61可知，参试品种中浙芸9号的锈病、枯萎病、炭疽病发病率较低，分别为7.2%、3.1%、6.2%，其中锈病的发病率显著低于翠芸十号；翠芸十号的发病率则分别为7.7%、3.3%、6.5%，其中锈病和炭疽病的发病率显著高于对照品种。可见，在抗锈病上，浙芸9号强于翠芸十号。3个品种的枯萎病发病率差异不显著。但与对照丽芸2号相比，2个参试品种在抗锈病和炭疽病上均弱于对照，且翠芸十号达显著水平。

表3-61 不同菜豆品种抗病性调查分析

品种	发病率（%）		
	锈病	枯萎病	炭疽病
浙芸9号	7.2 b	3.1 a	6.2 ab
翠芸十号	7.7 a	3.3 a	6.5 a
丽芸2号（CK）	6.9 b	2.8 a	5.7 b

4. 不同菜豆品种产量及经济效益比较

由表3-62可知，参试的2个品种中，翠芸十号每667 m² 折合产量1 794.1 kg，折合产值11 303元；而浙芸9号折合产量和折合产值分别为

1 728.4 kg和10 889元，稍低于翠芸十号，但差异不显著。参试的2个品种每667 m² 折合产量和折合产值均略低于对照丽芸2号，但差异不显著。

表3-62　不同菜豆品种产量及经济效益比较

品种	小区产量（kg）				折合产量（kg/667 m²）	折合产值（元/667 m²）	经济效益位次
	I	II	III	平均			
丽芸2号（CK）	69.7	68.6	70.3	69.5 a	1 840.4 a	11 595 a	1
翠芸十号	64.6	65.9	65.4	65.3 a	1 794.1 a	11 303 a	2
浙芸9号	68.0	67.8	67.5	67.8 a	1 728.4 a	10 889 a	3

（三）结论与讨论

本试验中3个品种浙芸9号、翠芸十号和丽芸2号均为蔓生型，花冠红色，且嫩荚均为浅绿色扁条状不易纤维化的荚果。试验对菜豆生育期、豆荚性状、产量及抗性等进行了综合比较，得出2个参试品种均适宜浙江省丽水市莲都区中海拔山地气候和土壤条件，能够顺利地完成整个生育期的生长过程。2个参试品种浙芸9号、翠芸十号的各阶段生育期时长、产量及抗性与对照丽芸2号相同或差异不大。但在果荚性状荚长、荚宽、荚厚和单荚重方面，翠芸十号显著低于对照丽芸2号，浙芸9号仅荚宽显著低于对照丽芸2号。2个参试菜豆品种在抗锈病、枯萎病、炭疽病上均稍弱；但2个品种综合性状较好，接近于丽芸2号，均具产量高、抗病性较强、品种佳等良种优势。每667 m² 产量可达1 728.4 kg以上，产值在10 889元以上，较适宜丽水的中海拔山地种植，可作为今后中海拔山地菜豆种植的搭配或替代品种。

菜豆果荚的性状对菜豆的商品性有重要的影响，商品性优良的菜豆嫩荚外表有光泽、种子略为显露或尚未显露、荚色为绿色或浅绿色、荚宽在0.8~1.0 cm[121-122]。2个参试品种与对照丽芸2号的嫩荚均具光泽，种子略为显露或尚未显露，荚色为浅绿色，荚宽在0.9~1.0 cm，不易纤维化，可见参试菜豆品种嫩荚商品性均较好。

本试验中3个品种的单荚重有差异，丽芸2号和浙芸9号显著高于翠芸十号，品种间产量差异不显著，但在小区产量上，浙芸9号还是略高于翠芸十号，仅次于丽芸2号，这可能与田间观察到的浙芸9号、翠芸十号的着花数高于丽芸2号，且浙芸9号的着花数高于翠芸十号有关。对于不同品种着花数、结荚数与产量间的关系，有待于今后进一步研究。

虽然本试验中菜豆病虫害发生较轻，但在生产时还是需注意病虫害预防工作。一般山地菜豆病害主要有锈病、炭疽病和根腐病等，锈病可选用10%苯醚甲环唑（世高）水分散粒剂1 000～1 500倍液，或30%嘧菌酯（粉飞）悬浮剂1 500～2 000倍液喷雾防治。炭疽病可选用25%溴菌腈（炭特灵）可湿性粉剂500倍液，或25%咪鲜胺（使百克）乳油1 000倍液喷雾防治。根腐病可选用77%氢氧化铜（可杀得）可湿性粉剂500倍液喷雾防治，或45%敌磺钠（根腐灵）可湿性粉剂300倍液灌根防治。虫害主要有豆野螟、蓟马、潜叶蝇等，豆野螟应在现蕾期开始施药，重点喷蕾、花、嫩荚和落地花，可选用2%阿维菌素乳油1 500～2 000倍液，或5%氟啶脲（抑太保）乳油1 500倍液喷雾防治。蓟马可选用5%吡虫啉乳油2 000倍液喷雾防治。潜叶蝇可选用50%灭蝇胺可湿性粉剂2 500～3 000倍液喷雾防治。

二、播种期对12个菜豆农艺性状及产量的影响

菜豆是重要的豆类蔬菜之一，适应性广、采摘期长、产量高，是广大农民增收、增效的主导产业之一。菜豆种植对温度要求较高，高温、低温对菜豆的生长影响较大。为此，于2015年选用12个菜豆品种（系），通过分期播种试验，拟从丽水市农林科学研究院田间初期筛选的耐高温品系及浙江省菜豆主栽品种中筛选出适宜低海拔高温播种的最适品种（系），为探索丽水地区菜豆种植的最适播种期提供技术支撑和数据参考。

（一）材料与方法

1. 材料与试验设计

试验地设在丽水市莲都区碧湖镇大陈村菜豆选种基地，位于北纬28°22′44″，东经119°47′18″，海拔62 m。试验田地势平坦，土质为壤土，

肥力中等。

供试品种（系）共 12 个，分别为浙芸 5 号（浙江勿忘农种业股份有限公司）、品系 21、品系 40、品系 47、品系 48、品系 48 杂、品系 49、品系 50、品系 51、品系 52、品系 53，以及丽芸 3 号（丽水市农林科学研究院）。

整田后，挖畦做垄，畦宽 1.2 m，沟宽 0.45 m，每畦种 2 列，开穴点播，每穴播 3 ～ 4 粒种子，留健壮苗 3 株。每个品种（系）播种 2 行即 4 穴，播种密度为株距 45 cm，行距 50 cm。试验设 Ⅰ、Ⅱ、Ⅲ、Ⅳ 4 个播种期，分别为 7 月 14 日、7 月 24 日、8 月 3 日、8 月 13 日播种。

2. 性状调查

每个品种（系）观察 4 穴（12 株），小区测产面积为 0.225 m^2。分穴详细记录播种期、出苗期、始花期、结荚期、始采期、采摘结束期、花色、鲜荚色、荚形、结荚部位等。鲜荚采摘后，记录采摘日期，并对每个品种（系）鲜荚进行测产，同时选取有代表性的鲜荚 10 条进行考种，分别记录鲜荚长、宽、厚、重等[123]。

3. 数据处理

采用 Excel 2007 统计分析软件进行数据整理、计算、制表。

（二）结果与分析

1. 播种期对菜豆生育阶段及生育期的影响

表 3-63 表明，第 Ⅰ 播种期（7 月 14 日）处理由于受高温影响，12 个参试菜豆品种（系）开花期一致。第 Ⅱ 播种期（7 月 24 日）播种至始花阶段日数较短的有浙芸 5 号、品系 47、品系 48、品系 48 杂、品系 53、丽芸 3 号。品系 21、品系 49、品系 51 第 Ⅰ、第 Ⅲ 播种期日数相同；其余品种（系）最短日数均分布于第 Ⅲ 播种期（8 月 3 日）。品系 21、品系 47 始花至始采阶段日数最短在第 Ⅳ 播种期（8 月 13 日）；其余品种（系）均分布于第 Ⅱ、第 Ⅲ 播种期。所有品种（系）播种至始采日数最短播种期均分布于第 Ⅱ、第 Ⅲ 播种期。其中，第 Ⅳ 播种期播种至始采日数最长，平均为 55.5 d；第 Ⅲ 播种期播种至始采日数最短，平均为 49.8 d，两者相差 5.7 d；第 Ⅱ 播种期与第 Ⅲ 播种期播种至始采平

均日数相差 0.7 d，说明不同品种（系）最适播种期在第Ⅱ或第Ⅲ播种期，过早或过迟播种均不利于菜豆提早采摘。此外，从表 3-63 还可看出，丽芸 3 号播种至始采平均日数明显低于其他品种（系），比浙芸 5 号提早 1 d 采摘。

表 3-63　播种期对菜豆品种（系）生育阶段日数和生育期的影响

编号	品种（系）	播种至始花（d）				始花至始采（d）				播种至始采（d）			
		Ⅰ	Ⅱ	Ⅲ	Ⅳ	Ⅰ	Ⅱ	Ⅲ	Ⅳ	Ⅰ	Ⅱ	Ⅲ	Ⅳ
1	浙芸5号	45	41	38	43	8	5	9	10	53	46	47	53
2	品系21	45	46	45	50	11	15	10	7	56	61	55	57
3	品系40	45	46	44	47	9	7	7	9	54	53	51	56
4	品系47	45	39	41	48	16	9	11	7	61	48	52	55
5	品系48	45	41	36	46	8	6	13	9	53	47	49	55
6	品系48杂	45	41	36	46	14	8	15	11	59	49	51	57
7	品系49	45	44	45	49	13	9	7	8	58	53	52	57
8	品系50	45	44	43	48	10	5	8	9	55	49	51	57
9	品系51	45	43	45	49	8	5	6	8	53	48	51	57
10	品系52	45	47	42	48	9	9	6	7	54	56	48	55
11	品系53	45	41	42	48	13	5	6	7	58	46	48	55
12	丽芸3号	45	40	36	43	5	10	7	9	50	50	43	52

注：Ⅰ、Ⅱ、Ⅲ、Ⅳ分别指第Ⅰ、第Ⅱ、第Ⅲ、第Ⅳ播种期。

2. 播种期对菜豆农艺性状的影响

对 12 个菜豆品种（系）的鲜荚长、宽、厚、重及商品性分别进行测定。从图 3-1 可看出，8 月 3 日播种的菜豆中，2 号和 3 号的鲜荚长、宽变化幅度较大，表现出荚变短、变宽的现象，其余品种（系）鲜荚长、宽变化幅度不明显。所有品种（系）鲜荚厚变化幅度不明显，说明播种期对于商品豆荚厚度影响不大；7 月 24 日播种的菜豆中，12 号鲜荚重上升幅度较大，说明该品种提早播种有利于荚重的提升。8 月 13 日播种的菜豆中，劣质荚和畸形荚所占的比例明显低于其他 3 个播种期，可能是由于早期高温天气对菜豆开花结荚造成的影响。另外，8 月 3 日播种的菜豆中，大部分品种（系）劣质荚和畸形荚所占比例下调，但 3 号、4 号和 11 号的劣质荚比例仍较高，说明这 3 个品种（系）不耐高温，适宜晚播。

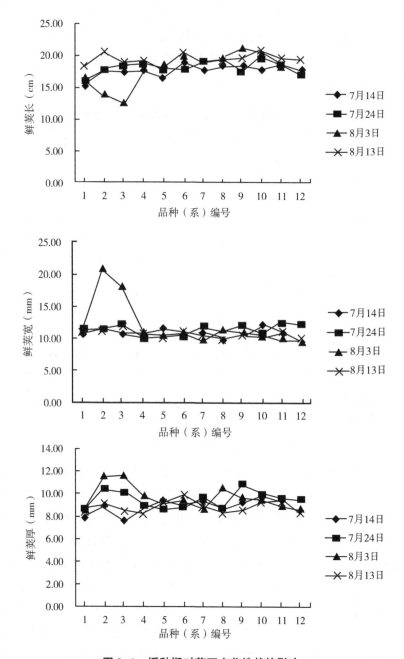

图 3-1　播种期对菜豆农艺性状的影响

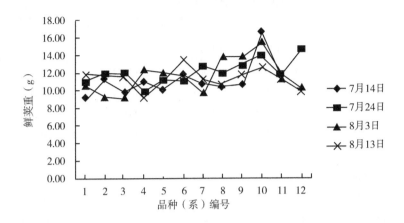

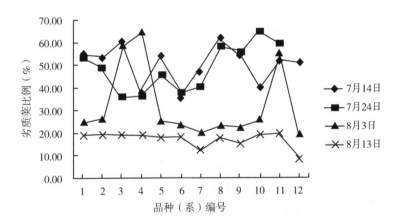

图 3-1　播种期对菜豆农艺性状的影响（续）

注：图中品种（系）编号与表 3-63 中对应。

3. 播种期对菜豆产量的影响

从表 3-64 可看出，播种期对菜豆产量影响较大，品系 48、品系 48 杂、品系 51 3 个品种（系）在 7 月 24 日播种产量最高；品系 21、品系 40、品系 52、丽芸 3 号 4 个品种（系）在 8 月 3 日播种产量最高，其余品系在 8 月 13 日播种产量最高。12 个品种（系）在 7 月 14 日播种产量均未达最高值，说明温度过高不利于开花结荚。

表 3-64　播种期对菜豆产量的影响

品种（系）	菜豆产量（kg/hm²）			
	7 月 14 日	7 月 24 日	8 月 3 日	8 月 13 日
浙芸 5 号	15 611.6	18 806.1	19 508.1	21 067.4
品系 21	12 850.2	12 343.1	13 952.2	10 269.4
品系 40	18 020.3	17 802.4	23 951.5	22 200.1
品系 47	18 327.2	17 584.2	17 043.1	20 311.6
品系 48	14 105.0	17 338.7	15 598.6	13 063.1
品系 48 杂	14 815.0	15 568.7	14 407.3	14 100.6
品系 49	17 136.9	11 512.7	15 834.9	18 232.7
品系 50	13 203.3	15 203.3	18 973.7	19 269.9
品系 51	19 757.6	19 796.1	12 475.2	15 532.0
品系 52	15 415.6	13 192.8	24 842.9	23 481.0
品系 53	14 869.8	14 642.7	15 752.3	21 739.5
丽芸 3 号	—	19 097.9	21 988.5	21 666.9
平均值	15 828.4	16 074.1	17 860.7	18 411.2

（三）小结与讨论

2015 年 7 月下旬至 8 月中旬，丽水市积温 958.8 ℃，较常年偏高 54.4 ℃；降水量 84.9 mm，较常年偏少 30.5 mm；雨日 13 d，较常年偏少 1 d；日照时数 233.7 h，较常年偏多 7.4 h。丽水自 7 月 20 日开始大部分地区出现了连续 12 d 的晴热高温天气，其中市区 7 月 20—31 日连续 12 d 日最高气温均在 38 ℃以上，7 月 23 日的最高气温高达 40.7 ℃。8 月 14—26 日也出现较长时间的连续高温少雨天气。

在以上气候条件下，12 个参试菜豆品种（系）的出苗表现为长—短—长的趋势，播种至始采亦表现如此。各品种（系）产量受播种期延迟的影响较大，整体表现为随着播种期的延迟，产量逐渐增加。高温对菜豆开花结荚影响较大，不耐高温的品种（系）在高温下开花难以结荚或鲜荚商品性差，对后期的产量影响也较大。

综合各处理菜豆品种（系）的农艺性状和产量可得出，7 月 14 日与 24 日两个播种期中，所有菜豆商品荚中劣质荚比例偏高，故这些菜豆均不适宜低海拔过早播种；丽芸3号、品系52、品系48、品系48杂、品系51适宜8月3日播种，其中丽芸3号和品系52在8月3日播种时产量达最高，播种到始花、始采日数均最短。其余各品种（系）综合分析适宜8月13日播种，说明低海拔地区秋季菜豆栽培适宜播种期为8月中旬，耐高温品种可提前10 d以上播种。

三、丽芸2号菜豆山地栽培技术

浙江有着优越的山地资源，独特的夏季凉爽的气候条件为反季节蔬菜种植提供了基础保障。同时高山空气清新，土壤、水源无工业污染，经山泉水灌溉种植出的优质蔬菜深受广大市民的欢迎。高山夏季蔬菜弥补了平原蔬菜淡季供应。

菜豆是人们十分喜爱的一种豆类蔬菜。其适应性广，采摘期长，产量高，是广大农民增收、增效的主导产业之一。浙江省丽水市农林科学研究院致力于菜豆新品种及栽培技术研究，2014年成功选育出菜豆新品种丽芸2号，并于2015年2月通过浙江省非主要农作物品种审定委员会审定。该品种商品豆荚平均长、宽、厚分别为19.2 cm、1.0 cm、0.87 cm，单荚重11.85 g；嫩荚圆棒形、浅绿色，豆条顺直，不易鼓籽，嫩荚不易纤维化，质地较糯。山地栽培产量3 284.6 kg/667 m^2，抗锈病，中抗枯萎病、炭疽病。适宜浙江省平原及山地种植，山区夏、秋种植采摘期45 d左右。利用浙江省优越的山地气候条件种植丽芸2号，为反季节、无公害菜豆种植提供基础保障。栽培时需选择适宜的海拔高度及播种时期，栽种田块最好选择水旱轮作或2～3年未种植过豆类作物的田块，以减少病害发生。整个生育期做好田间管理、病虫防治，嫩荚成熟期及时采收，以求达到高产稳产。经对丽芸2号山地栽培技术研究，总结技术要点如下。

（一）选地整地

选择海拔1 000 m以下的山地，最适海拔800 m左右。海拔高的山地以东南至南坡的朝向为好；海拔低的山地宜选择坐北朝南背西的坡地[124]。所选田块以壤土或砂壤土为宜，要求土层深厚，肥力较好，疏松，易于排水、灌水。最好是水旱轮作或2～3年未种植过豆类作物的田块，以减少菜豆根腐病、枯萎病等病害的发生[125]。前茬作物收获后及时清理田块，并深翻晒田。播种前再次翻耕整地，将土壤整细，做深沟高畦，利于排水，一般畦宽 1.2 m 左右，沟宽 0.45 m 左右。

（二）施足基肥

一般每 667 m² 施腐熟有机肥 1 000 ~ 2 000 kg，三元复合肥 40 kg 左右，碳酸氢铵 50 kg 左右作为基肥，翻耕整地时撒施。

（三）适时播种

在浙江中南部高山地区 4 月下旬至 6 月均可播种。根据不同地区选择适宜的播种期，高海拔地区播种期适当提前，低海拔地区播种期可适当推后。

播种应选取饱满，无病害、霉变的种子，播种前将种子晾晒 2 ~ 3 d。播种时先在畦面开穴施种肥，每 667 m² 施钙镁磷肥 25 kg，然后用咯菌腈 1 :（125 ~ 166）（药种比）拌种，每穴播 3 ~ 4 粒种子，每畦种两行，行距 0.6 m，株距 0.4 ~ 0.5 m，每 667 m² 用种量为 1.0 ~ 1.5 kg。播种后覆土盖种和肥。另备少量苗床育些"后备苗"作补苗用。播种后及时进行化学除草，防止草害，同时要预防地下害虫及根腐病的发生。

（四）田间管理

1. 及时间苗、补苗

播种后当第一对真叶露出时，应及时进行查苗补苗，并做好间苗；补苗时应选粗壮、无病害的苗带土移栽，且宜选择阴天或晴天傍晚时进行，移栽后及时浇水，以利缓苗成活。每穴留健壮苗 2 ~ 3 株。

2. 及时插架引蔓

架长一般在 2.5 m 左右，抽蔓后，应立即插架引蔓，以免秧苗互缠，影响生长。搭架时应搭成"X"或"V"字形，有利于高产、减少病害发生。

3. 摘叶打顶

为了利于通风透光，要及时摘除老叶和病叶，若植株生长过旺，只开花不结荚，可疏掉部分叶片，提高结果率。当蔓已超过架顶，可进行主蔓打顶，促发侧枝。

4. 肥水管理

施足基肥，花前少施肥或不施肥。开花结荚期后重施肥，一般用三元复合肥 40~50 kg/667 m²；以后每采收 10~15 d 施一次肥，保持植株生长健壮。畦面保持湿润，防止干旱，特别是开花结荚期，需水量大，在干旱时必须及时浇水，雨后应及时开沟排水。

（五）病虫防治

丽芸 2 号抗锈病，中抗炭疽病和枯萎病，选择在非连续种植菜豆或豇豆的田块栽种，一般发病率较低。整个生育期病虫害的防治原则为：以农业防治、物理防治为主，化学防治为辅。化学防治应采用高效低毒、低残留农药和生物农药。防虫以黄板引粘为主。蓟马可用生物农药 1.3% 苦参碱水剂 20 mL 兑水 15 kg 均匀喷雾；6% 乙基多杀菌素（艾绿士）悬浮剂 7.5 mL 兑水 15 kg 均匀喷雾；5% 吡虫啉乳油 2 000 倍液等防治。防治炭疽病的农药有：25% 咪酰胺乳油 800 倍液，25% 吡唑醚菌酯乳油 1 000 倍液等。斑点病的防治农药有：52.5% 抑快净（噁唑菌酮+霜脲氰）水分散粒剂 1 500 倍液，58% 甲霜·锰锌可湿性粉剂 500 倍液。

（六）采　收

丽芸 2 号以采收嫩荚为主，该品种从开花到采收需 12~15 d，生长前期气温较低，从始花至嫩荚成熟时间较长，温度较高时，成熟时间缩短。采收时注意不要损伤花序，以免影响以后的结荚，影响产量；应及时采收，一般 2 d 采收一次，温度较高时或盛采期应每天采收，若采收过迟，豆荚过熟，商品性下降，同时由于营养消耗，影响后期的开花结荚。

四、丽芸 2 号菜豆大棚高产栽培技术

丽芸 2 号是浙江省丽水市农林科学研究院选育的蔓生菜豆新品种，2014 年 12 月通过浙江省非主要农作物品种审定委员会审定，2015 年 2 月获得品种审定证书。该品种抗锈病、中抗枯萎病和炭疽病；春季大棚栽培平均产

量 48.087 t/hm²，比对照红花青荚增产 24.9%；鲜荚长平均为 19.2 cm，淡绿色；炒食糯性好、微甜，品质佳。早春大棚种植出苗至采收 60~65 d，开花后至采收嫩荚为 12~15 d。丽芸 2 号大棚高产栽培适宜播种期为 1 月下旬至 2 月上旬，采用穴盘育苗，大棚内搭建小拱棚进行保温；移栽时需施足基肥，铺设黑色地膜。苗期至搭架引蔓期要做好保温防冻、防高温烧苗等工作；如遇长期阴雨天气，要注意通风减少棚内湿度，减轻病害。整个生育期做好田间管理、病虫防治，嫩荚成熟时要及时采摘，同时要注意尽量减少对花梗的伤害，以求达到高产稳产。其技术总结如下。

（一）种植地块

蔓生菜豆大棚早春种植应选择排、灌方便（长江中下游地区春季雨水比较多，排水比灌水更为重要），土壤肥力较高的田块。最好选择水旱轮作或 2 年以上没有种植过菜豆和豇豆的田块，以减少菜豆根腐病、枯萎病等病害的发生。

（二）播种期

蔓生菜豆开花、结荚对温度要求较为严格。过早播种易烂种、不出苗，前期生长缓慢，容易发病，且立支架提前，大棚内的小拱棚揭膜早，容易产生冻害，开花时温度过低导致只开花不结荚。过迟播种则发挥不了大棚种植的优势，严重影响经济效益。大棚蔓生菜豆的播种时间需根据当地常年的气象资料来确定，气温稳定在 10 ℃时播种时间往前推 15~20 d 为宜。丽芸 2 号在丽水河谷平原地区播种时间以 1 月下旬至 2 月上旬为宜[126]。

（三）育苗方式

为了最大限度地发挥大棚生产优势，争取获得最大的经济效益，可在安全的生长季节中早播种，早采摘。利用一切栽培措施力争早播种，出好苗。播种前晒种（提高发芽势），然后在 25~30 ℃条件下进行催芽，种子发芽后，采用育苗基质穴盘或营养钵育苗（穴盘以 32 孔为好）。播种后采用小拱棚+塑料大棚进行保温，以利于早出苗、出好苗。

（四）育苗期管理

经过催芽播种的菜豆种子一般经 4~7 d 就会出苗。因早春气温极不稳定，种子出苗后要加强温度的管理。晴天中午小拱棚需通风降温，14：00以后要及时关棚保温。如遇长期阴雨天气，需在中午适当通风降湿，以减轻病害的发生，同时可用 75%敌磺钠 50 g 兑水 25~40 kg 喷施1~2 次，防治猝倒病和根腐病。

（五）整地、施肥

整地时每公顷施腐熟有机肥 15.0~22.5 t 或腐熟鸡粪 2.25~3.00 t，三元复合肥 0.75 t，撒施均匀。土壤深耕后起垄做畦，一般畦面宽 1.2 m，做成龟背形，沟宽 0.4 m 左右，这样有利于排水、通风透光及采摘。

（六）移 栽

当幼苗长出 1~2 片复叶，苗高 6~7 cm 时，选择冷尾暖头的晴天进行移栽。移栽前炼苗 3~5 d，炼苗时白天大棚两头通风，棚内小拱棚全部揭开，夜间关上大棚两头。炼苗后进行移栽，移栽前盖好黑色地膜（黑色地膜比白色地膜保温性更好，同时能防止杂草丛生），四周用泥土压封严密。移栽时先用开洞器开洞，开洞后施钙镁磷肥 $0.300~0.375$ t/hm²，每畦种 2 行，每穴移栽 2 株健壮小苗，株距 0.4~0.5 m，苗栽深度与基质土齐平为宜。移栽后用 2%尿素或三元复合肥液浇根，使苗的根系与泥土充分接触，以利于活苗。

（七）苗期管理

移栽后到搭架引蔓期间主要做好保温防冻，防高温烧苗。移栽后要及时盖上小拱棚，塑料薄膜四周用泥土压严，防止冷空气侵入，避免低温冻苗。长期低温阴雨时，中午大棚两头可适当通风，降低棚中的空气湿度，以减轻病害发生；晴天棚内温度高于 35 ℃时要及时两头放风，以防高温烧苗。

（八）搭架、提蔓

丽芸 2 号早春大棚种植搭架、提蔓时间不同于露地栽培。为避免冻害，应尽量延长幼苗在小拱棚内的生长时间。当株与株之间藤蔓开始缠绕时，即可揭去小拱棚进行搭架、提蔓。用竹竿作支架，支架长度一般在2.5 m左右。搭架时要注意靠近大棚两边的畦面上搭成"人"字架，其余畦搭成"X"形，这样有利于通风透光，降低田间湿度，减少病害发生；同时又有利于采摘。支架与支架的交叉处横放一根竹竿，增加整个棚架的牢固性。支架搭好后应及时提蔓，有利于植株健壮生长。

（九）采 摘

丽芸2号早熟栽培的一切措施均围绕"早"来进行，以提高经济收入。早春大棚栽培，一般出苗后60 d左右即可开花结荚，开花后10 d左右便可采收嫩荚。采摘原则是：早期"宜早不宜迟"，中后期"适时采摘"。

（十）通风、揭膜

随着气温的不断升高，采用大棚两侧通风，四周裙膜提起，全棚揭膜的方式来调节温度，把棚内的温度控制在35 ℃以下。

（十一）摘除老叶和顶芽

适时摘除基部的老叶，看生长势摘除顶芽。当嫩荚采收到主蔓的3/4时，应及时摘除中下部的老化叶片，加强通风透光，减少养分消耗及病虫害的发生，同时促进基部侧蔓的形成、潜伏芽和腋芽的萌发、花芽的发育；顶芽的摘除应视植株的生长势而定，生长势旺盛的植株顶芽要早摘、多摘，生长势弱的植株可迟摘、少摘或者不摘。

（十二）花梗保护

提高菜豆产量的关键栽培技术之一是采摘嫩荚时要保护好花梗。蔓生菜豆嫩荚采摘后，只要花梗不被损伤或损伤较小，在适宜的温度、充足的养分供应下，每根花梗上又可开出2~5朵花，所以在采收嫩荚时要尽量减少对花梗的损伤。

（十三）肥水管理

长江中下游地区，蔓生菜豆的大棚早熟栽培在施足基肥的基础上，一般在豆荚采摘前不需要进行肥水管理。当豆荚采收 5~7 d 后施一次开花结荚肥，肥料种类及用量为三元复合肥 0.3 t/hm²。此后每采收 10 d 左右追肥一次，采摘期结束前 15 d 终止施肥。菜豆整个生育期土壤水分以保持湿润为宜。

（十四）病虫害防治

丽芸 2 号抗锈病，中抗枯萎病和炭疽病，在大棚栽种时所选田块如不是连年种植菜豆或豇豆，一般病虫害发生率比较低，但要注意蓟马、炭疽病和生长后期斑点病的防治。防虫以黄板诱杀为主，化学防治为辅，病害防治用低毒、低残留的农药或生物农药。蓟马防治可用生物农药紫貂苦参碱 20 mL 兑水 15 kg 均匀喷雾，乙基多杀菌素（艾绿士）悬浮剂 7.5 mL（每喷雾器），5%吡虫啉乳油 2 000 倍液。炭疽病防治可用 25%咪酰胺乳油 800 倍液，25%吡唑醚菌酯 1 000 倍液。斑点病防治可用 52.5%抑快净（噁唑菌酮+霜脲氰）水分散粒剂 1 500 倍液，58%甲霜·锰锌可湿性粉剂 500 倍液。

第四章　菜豆绿色栽培技术实践与成效

第一节　菜豆绿色栽培关键技术集成

　　菜豆生产中存在土壤酸化、土壤次生盐渍化、土壤连作障碍等土壤退化，以及偏施化肥、过量施化肥，病虫害防治不合理等状况。此外，菜豆连作还易造成土壤中病原菌增多，土传病害日益严重；与此同时，高强度和集约化的连作种植，过量的化肥施用及不合理的灌溉，不仅造成了水分和肥料的大量浪费，也产生了突出的生态与环境问题。土壤次生盐渍化问题日益凸现，导致土壤中某些营养元素严重缺乏或积累过多，营养结构严重失调；自毒现象使菜豆根系分泌有毒物质，直接抑制菜豆根系的生长、分布、呼吸，最终导致菜豆根系病变、死亡。土壤退化和连作障碍引发的一系列问题，最终使得追加化肥、加强田间管理还是无法挽回菜豆产量减少、品质下降、收入减少的局面。如何在保护农业生态环境的基础上，应用绿色农业技术，减少菜豆生产上农药、化肥的使用量，达到安全、优质生产，提高菜豆生产效益及经济效益，实现产业的可持续发展，成为农业技术推广及研究人员急需解决的技术问题。

　　为此，丽水市莲都区农业技术推广中心联合丽水市农林科学研究院、龙泉市经济作物站等单位的农业推广及研究人员，在丽水市科技局、丽水市莲都区科技局、丽水市莲都区农业农村局、浙江省农业技术推广中心等单位的支持下，于2011年始，以菜豆绿色栽培技术为理念，针对性地开展了"C_4作物改良蔬菜土壤次生盐渍化技术研究与应用""山地蔬菜土壤次生盐渍化改良技术研究与应用""山地豆类蔬菜肥药减施增效技术示范""莲都区蔬菜产业提质增效集成技术与示范推广""氰氨化钙改良酸化土壤技术研究与应用""山地豆类蔬菜化肥减量增效关键技术研究与应用示范"等课题技术研究工作,以期解决上述关键性问题。至2020年提出技术较为先进、方法简单、效果好、适用性强的"菜豆绿色栽培关键技术"。其技术核心是:在种植制度上推广"菜豆与水稻轮作""菜豆与茭白轮作""菜豆与 C_4 作物轮作"等种植模式;在种植品种上选用优质、高产、抗病性强品种;在土传病害控制上采取播种前进行种子处理和土壤处理,减少土传病害的发生,或应用土壤修复剂修复土壤,抑制土壤有害微生物活性,增加有益微生物活性;在土壤管理上实施酸化土壤和次生盐渍化土壤改良、秸秆还田、有机肥替代部分化肥、缓/控释化肥替代速效化肥等措施;在栽培技术上应用合理施肥和科学栽培的"健身"栽培,增强菜豆植株生命活力及其抗病性;在病虫害防控上推广绿色防控技术,加强农业防治、物理防治、生物防治的应用,实现农药的减量,保障菜豆的安全生产。

一、菜豆与水稻、茭白水旱轮作技术

水旱轮作制度除具有一般旱旱轮作效果外,还因土壤长期淹水,可实现以水洗酸,以水淋盐,以水调节微生物群落,治理土壤酸化、盐化;同时因土壤土传病害得到有效控制,有效解决了菜豆连作障碍问题,达到减少农药和化肥的使用量,增加农民收入的作用。丽水的菜豆种植上主要水旱轮作栽培模式有"早稻—菜豆""菜豆—晚稻""菜豆—茭白"三大类轮作模式。"菜豆—晚稻—冬菜全年三熟高产高效栽培模式",可实现每667 m^2 产菜豆1 500 kg、晚稻550 kg、冬菜2 500 kg,实现"千斤粮、万元钱"的效果,保障了蔬菜和粮食生产的安全。实践证明合理轮作倒茬,特别是水旱轮作,不仅消减菜豆连作障碍效果明显,还能实现农产品的高产高效安全生产。

二、菜豆与 C_4 作物轮作除盐技术

(一) 选择适宜的除盐作物

C_4 作物很多,选择耐高温、短期生长迅速、生物量大、根系发达且

深的 C_4 作物可以达到良好的除盐效果。对于次生盐渍化土壤的改良，通常可选择玉米（甜玉米、墨西哥玉米、普通玉米）、甜高粱、高丹草、苏丹草作为除盐作物。

（二）选择适宜的播种时间

玉米（甜玉米、墨西哥玉米、普通玉米）、甜高粱、高丹草、苏丹草均为暖季型作物，除寒冷的冬季外均可播种。但为了取得良好的除盐效果，理想的播种时间在 6 月。

（三）选择合理的播种量

除盐效果与除盐作物的品种、播种量、生长期等相关。如果生长期为 2 个月，以每 $667\ m^2$ 播种玉米（甜玉米、普通玉米）$1.5\ kg$，或墨西哥玉米 $2\sim4\ kg$，或其他品种（甜高粱、高丹草、苏丹草）$1.5\sim2.0\ kg$ 为宜。

（四）妥当的田间管理

生物除盐中种植 C_4 作物的主要目的是除盐，通常全程不施肥料，仅于出苗期注意灌水，保持土壤不干旱，并做好病虫害的适时防治。

（五）产后处理技术

C_4 作物秸秆的产后处理（利用）主要有 C_4 作物秸秆还田和秸秆作为饲料两大功能。秸秆还田不仅有利于提高空气质量，改善环境状况，且充分利用了农作物光合作用储存在秸秆中的营养物质。秸秆还田可以让秸秆中的营养物质传输到土壤中，转化为养分，能够使土壤中的氮、磷、钾和有机质含量变高，让土壤保有适量的水分，改善农作物的生长条件，促进农田循环系统的改良，从而提高农作物的产量，增加经济效益。

1. 秸秆机械还田

一般有两种，一种方式是将 C_4 作物秸秆用机械切碎或打碎后，在耕作时均匀分散撒于田间，利用土壤中的大量微生物将秸秆腐化和分解，使粉碎后秸秆深入于田地中；另一种方式是将 C_4 作物秸秆粉碎后覆盖于田间，加入适量的秸秆腐熟剂或氮肥，待秸秆发酵后深翻施于土壤中。每

$667 \ m^2$鲜秸秆还田量 1 000~2 000 kg为宜。

2. 秸秆堆沤还田

利用高温将C_4作物的秸秆制作成堆肥、沤肥等，使之成为优质有机肥，等到秸秆发酵后施入土壤中。这种还田方式比较简便，可以将秸秆就地堆制。

（1）堆　肥

将C_4作物的秸秆堆放在地面，加入适量的水、秸秆腐熟剂或氮肥，堆制中经好气微生物发酵后，秸秆发酵成腐化的有机肥料。

（2）沤　肥

将C_4作物完全放置在淤泥或粪尿中，经微生物嫌气发酵腐化，释放营养物质而为有机肥料；同时堆沤释放的热量可以消灭病虫害，为农作物的生长营造一个良好的环境。

3. 秸秆间接还田（过腹还田）

秸秆先以青贮、氨化等方法处理后作为牛、马等牲畜的饲料，经消化吸收后变成粪、尿，以畜粪尿施入土壤还田。但需要注意上述作物体内含氢氰酸或者氰糖苷，如果不经适当的处理，禽畜食入可能会中毒。

三、酸化土壤改良技术

（一）酸化土壤改良剂的确定及用量

土壤 pH 值取决于成土母质和立地条件，同时受到年降水量、耕地深度、施肥量及施肥种类等因素影响。大量肥料特别是生理酸性肥料的施用，蔬菜作物的选择性吸收，土壤有机质含量过低，加速了土壤酸化的进程。土壤 pH 值是土壤各化学性质的综合反映，对土壤的微生物活动、有效元素的转化、有机质的合成及土壤有效养分的保持有很大的影响。据丽水市莲都区调查，220 个蔬菜土壤 pH 值测点中，有 169 个测点为酸性土壤（pH 值 4.5~5.5）、强酸性土壤（pH 值小于 4.5），占比为 76.8%，且设施菜地酸化程度高于露地菜地。为此，改良蔬菜酸化土壤的形势紧迫。酸化土壤使用生石灰、氰氨化钙（石灰氮）可提高土壤 pH 值，可结合土壤翻耕施用生石灰或氰氨化钙，根据土壤酸化程度不同，合理选择适宜的用量。土壤 pH 值为 4.5 以下时，每 667 m² 使用 60 kg 氰氨化钙；土壤 pH 值为 4.5~5.5 时，每 667 m² 使用 40 kg 氰氨化钙；或每 667 m² 使用生石灰 50~75 kg；pH 值为 4.5 以下时，每 667 m² 使用生石灰 50~100 kg，以后再逐步调整到适宜所种植蔬菜的土壤 pH 值（pH 值 6.5 左右）。因使用生石灰、氰氨化钙也会杀灭或者抑制土壤中有益微生物，调酸结束后应配合增施有机肥、生物菌肥、黄腐酸类等调理土壤，以提高土壤中有益微生物种群，达到改良土壤理化结构，提高土壤肥力及缓冲能力的效果。

（二）施用氰氨化钙改良酸化蔬菜土壤技术操作流程及注意事项

1. 施用氰氨化钙改良酸化蔬菜土壤技术操作流程

适宜选择 7—8 月的夏季高温时施用氰氨化钙，施用后可利用太阳能的高温促进减酸的效果。田间清园后，深翻土壤 20~30 cm，选择晴天气温较低的上午或傍晚，按照不同酸化程度合理选择适宜的用量，均匀撒施氰氨化钙于土壤表面，然后再次深翻土壤至 30~35 cm，以尽量增加氰氨化钙与土壤的接触面积。做畦后畦面覆盖白色薄膜，膜下灌水至畦面透湿。大棚种植的，密闭大棚。氰氨化钙撒施 20~25 d 后，掀开地膜，打开大棚门，通风透气 1~2 d 后，畦面撒施微生物菌肥和土壤调理剂，翻耕土壤后应在畦面喷水。在微生物菌肥撒施 10 d 内不得使用农药，包含杀菌剂、消毒剂等。

2. 使用氰氨化钙调酸的注意事项

使用全程防护。戴乳胶手套、戴口罩、戴护目镜、穿鞋、穿衣裤，防止氰氨化钙与人体直接接触。不得酒后使用；也不得使用后喝酒，确保使用者安全。做好含有氰氨化钙的田间水控制，防止流入鱼塘、溪流，危害其他生物。其他事项按照产品说明书执行。

四、"良种选择+土壤消毒（土壤修复）+合理施肥+绿色防控"技术

（一）良种选择

农作物对病、虫的抗性是植物一种可遗传的生物学特性，选用抗病虫

品种可减轻病虫为害，选用无病虫的良种，可以减少病虫的传播、发生，植株生长发育良好，抗病虫能力提高。不同品种对连作障碍的耐受性不同，筛选和种植耐连作障碍的菜豆品种是缓解连作障碍经济有效的办法之一。丽水菜豆连作障碍在土传病害上主要表现是菜豆根腐病、枯萎病发病严重。丽芸2号、丽芸3号、浙芸5号、浙芸9号、红花青荚综合抗性较强，且产量高、品质好、商品性好、市场适销。故可根据不同的生产季节选择适宜的品种。

（二）种子处理技术

连作障碍发生时，除土传病害外，非土传病害也随着连作年限增加而加重。采用种子处理剂可有效预防土传真菌性病害发生，用种子质量0.1%的99%噁霉灵可湿性粉剂拌种，或种子质量0.6%~0.8%的25 g/mL咯菌腈悬浮剂拌种，或种子质量0.5%的50%多菌灵可湿性粉剂拌种，可有效预防苗期病害及其他土传真菌性病害发生。拌种方法可干拌或湿拌，干拌为将药剂与少量过筛细土掺匀之后加入种子拌匀即可；湿拌为将种子用少量水润湿之后，加入所需药量均匀混合拌种即可。拌种要做到种子与药剂拌匀，拌种后随即播种，不要闷种。

（三）土壤消毒技术

噁霉灵、咪鲜胺、敌磺钠均为高效、广谱、低毒型杀菌剂，具内吸传导、保护和治疗等多重作用，对半知菌引起的多种病害防效极佳。根腐病、枯萎病属菜豆土传病害，其病原分别为腐皮镰孢菌菜豆专化型真菌[*Fusarium solani* f. sp. *phaseoli*（Burk.）Snyder et Hansen]、尖孢镰孢菌菜豆专化型（*Fusarium oxysporum* f. sp. *phaseoli*），均归半知菌亚门真菌，因此用噁霉灵及其他杀菌剂（咪鲜胺、敌磺钠）混合消毒土壤，能基本上实现菜豆主要病害的病前防控，有效控制菜豆生产期的根腐病、枯萎病等病害的发病及危害程度。其方法是：田间做畦后消毒土壤，于菜豆播种前5 d每667 m² 用99%噁霉灵200 g和敌磺钠2 000 g兑水1 000 kg，用喷水壶均匀喷洒种植行土壤；或者每667 m²用99%噁霉灵125 g和25%咪鲜胺1 250 mL兑水1 000 kg后，均匀喷洒种植行土壤。

（四）土壤修复技术

施用有机肥可调节土壤盐分、矫正生理缺素及提高土壤缓冲能力，有机肥分解过程中会使细菌、放线菌增殖。微生物菌肥一般含有固氮菌、溶磷菌、溶钾菌、乳酸菌、芽孢杆菌、假单胞菌、放线菌等。合理增施有机肥后，可增加土壤及根际有益微生物的种群和活性，抑制病原微生物的增殖，促进作物生长健壮，提高作物对逆境胁迫的抵抗力，减轻连作障碍对作物的不利影响。"连作"是由浙江大学农业与生物技术学院研制的有机生物菌肥；亚联 1 号是由亚联企业集团生产的微生物肥；黄腐酸钾属黄腐酸类肥料，具改良土壤、增进肥效、刺激植物生长、增加植物抗逆性、改善植物品质等作用。以"连作"、亚联 1 号、黄腐酸钾为土壤修复剂，能有效创建土壤中有益微生物群优势，修复连作障碍土壤，培育健康的土壤，增强菜豆植株活力及其抗病性，实现菜豆产量和品质的提高。其方法是：播种前每 667 m^2 用黄腐酸钾 20 kg、"连作" 25 kg 与基肥混合深施于土壤中；或菜豆播种前深施有机肥等基肥后，每 667 m^2 用亚联 1 号 63 mL 与 15 kg 无污染的水混合（水温 16 ℃ 以上），加入伴侣培养液 750 mL，搅拌均匀放置 4~8 h，再兑入足量水喷洒或浇灌于土壤或根部，以能渗入土壤 20 cm 为宜。

（五）合理施肥技术

合理施肥，特别是合理施基肥是关键。在施基肥上，增施有机肥替代化肥，达到化肥减施。菜豆栽培合理施肥要坚持"两个为主"，即以基肥（底肥）为主，追肥以复合肥为主。基肥：重施基肥，特别是磷钾肥有利于根系发育和提高植株吸收肥力的能力，防止植物早衰，促进菜豆的健康生长。其方法是：整地时施基肥，每 667 m^2 施商品有机肥 300~600 kg、生物有机肥或复合微生物肥料 50 kg、45% 的缓释肥料 20~25 kg、硼砂 1~2 kg、硫酸镁 8~10 kg。或施用腐熟优质农家肥料 1 000~2 000 kg、黄腐酸钾 20 kg、生物有机肥或复合微生物肥料 50 kg、45% 的缓释肥料 20~25 kg、硼砂 1~2 kg、硫酸镁 8~10 kg。施用复合微生物肥料时，尽可能不直接接触缓释肥料。秸秆还田的，折算扣减基肥中化肥的施用量。

常规追肥的，结合浇水，苗期和抽蔓期各追肥 1 次，每 667 m² 每次追肥量为 45% 的低磷高钾三元复合肥 8~12 kg；采收盛期每隔 7~10 d 追肥 1 次，每 667 m² 每次追肥量为 45% 的低磷高钾三元复合肥 12~15 kg；盛收期可用 0.2% 的磷酸二氢钾水溶液进行叶面追肥。水肥一体化技术追肥的，苗期和抽蔓期各追肥 1 次，每 667 m² 每次追肥量为低磷高钾型水溶性复合肥 5~8 kg。采收盛期每隔 10~15 d 追肥 1 次，每 667 m² 每次追肥量为低磷高钾型水溶性复合肥 8~12 kg，每次用水量为 10 m³。采收后期，根据植株长势及肥水酌情减少施肥或不施肥。

（六）科学栽培

通过合理密植、适时适度调整植株技术促进菜豆生长健壮，增强菜豆植株生命活力及其抗病性，从而进一步减轻菜豆生长障碍。其方法是：穴播，每畦 2 行，每行距离沟边 12 cm 以上，保持小行距 45 cm 以上。穴距 50~60 cm，每穴播 3~4 粒种子，播后盖土 1~2 cm。若土壤干燥，播种前 1 d 浇足底水。每 667 m² 用种量 1.0~1.5 kg。出苗后 7~10 d 查苗、补苗、间苗，每穴选留 2~3 株健壮苗。搭架后植株长满架时打顶控势，长势过旺的应适当疏叶。苗期控制水分，开花前控制浇水，控制植株营养生长，防止徒长；开花结荚后加大肥水供应，促进侧枝的第二次发生，并保持土壤湿而不干为宜。条件适宜的可实行再生栽培，在盛荚期后，加强肥水，采取根际和根外追肥相配合，保持充足的肥水，促进植株恢复生长和潜伏花芽开花结荚，延长采收期，提高菜豆产量。

（七）病虫绿色防控技术

病虫绿色防控是在"公共植保、绿色植保"理念的基础上，根据植保方针，结合现实需要和可采用的技术措施，形成的一个技术性概念。是从农田生态系统整体出发，以农业防治为基础，积极保护利用自然天敌，恶化病虫的生存条件，提高农作物抗害能力，在必要时合理地使用化学农药，将病虫为害的损失降到最低限度。其内涵是按照"绿色植保"理念，采用生态调控（农业防治），物理防治，生物防治以及科学、合理、安全使用农药的化学防治技术，达到有效控制农作物病虫害，确保农作物生产安全、农产品质量安全和农业生态环境安全，促进农业增产、增收的目的。它是持续控制病虫灾害、保障农业生产安全的重要手段，同时也是促进标准化生产、提升农产品质量安全水平的必然要求，是降低农药使用风险、保护生态环境的有效途径。

1. 农业防治

做好田园清洁工作，及时清除田间落花、落荚、病枝、病叶、病荚，防止田间积水。合理轮作，提倡与水稻、茭白水旱轮作，与玉米等非豆科作物轮作，轮作间隔时间 1~3 年。提倡冬季种植绿肥。采收结束后，清理菜豆秸秆后全量还田，并做好地膜等农业废弃物的回收及其他清园工作。

2. 物理防治

田间间隔悬挂黄板诱杀蚜虫、斑潜蝇、飞虱成虫，蓝板诱杀蓟马，每 667 m² 使用 30~50 片（规格 25 cm×30 cm），黄板安置高度稍高于植株高度，蓝板安置高度稍低于植株高度。田间悬挂杀虫灯诱杀害虫，每 15~30 hm² 安置 1 盏杀虫灯（规格 220 V，15 W），离地高度 1.2~1.5 m。

3. 生物防治

保护和利用瓢虫、草蛉、食蚜蝇、蜘蛛等捕食性天敌，以及赤眼蜂、丽蚜小蜂等寄生性天敌。在豆荚螟、斜纹夜蛾等害虫高发期，悬挂性诱捕器诱杀，每 667 m² 悬挂对应的性诱捕器 4~8 个，离地高度 1.4~1.6 m。优先使用生物药剂防治主要病虫，达到农药减施。主要病虫生物防治可选药剂见表 4-1。

表 4-1 菜豆主要病虫生物防治可选药剂

防治对象	可选药剂
根腐病	宁南霉素、中生菌素
炭疽病、灰霉病	多抗霉素、农抗 120
细菌性疫病	春雷霉素、中生菌素
豆荚螟	苏云金杆菌、白僵菌
蓟马、蚜虫	多杀霉素、苦参碱
小菜蛾	多杀霉素、苏云金杆菌
叶螨	印楝素

4. 化学防治

选择高效、低毒、低残留、环境友好型农药，做到合理轮换使用、交替使用、精准使用、安全使用，严格遵守农药安全使用间隔期，尽最大限度降低农药使用造成的负面影响。根据不同防治对象选择农药种类，适时用药、适量用药，应用低量喷雾、静电喷雾等农药减施技术，提高防治效果、节省用药量、降低防治成本。化学防治中农药使用应符合 GB/T 8321《农药合理使用准则》、NY/T 1276《农药安全使用规范　总则》的要求，菜豆绿色栽培中不应使用农药名录见表 4-2。

表 4-2　菜豆绿色栽培中不应使用的农药名录

农药种类	农药名称	不应使用原因
杀虫剂	氟化钙、氟化钠、氟乙酸钠、氟乙酰胺、氟铝酸钠、DDT、六六六、林丹、五氯酚钠、硫丹、硫双威、二溴乙烷、溴甲烷、氯化苦、乐果、氧化乐果、甲拌磷、乙拌磷、久效磷、杀扑磷、水胺硫磷、内吸磷、磷胺、甲基异柳磷、甲胺磷、丙溴磷、三唑磷、乙酰甲胺磷、灭线磷、硫环磷、地虫硫磷、三唑锡、倍硫磷、磷化钙、磷化镁、磷化锌、硫线磷、特丁硫磷、蝇毒磷、治螟磷、甲基对硫磷、对硫磷、苯线磷、甲基硫环磷、伏杀硫磷、哒嗪硫磷、喹硫磷、氯唑磷、丁氟螨酯、克百威、丁（丙）硫克百威、涕灭威、杀虫单、杀虫脒、杀虫环、双甲脒、毒死蜱、氟虫腈、氟虫胺、氟苯虫酰胺、毒杀芬、二溴氯丙烷、丙环唑、敌枯双、乙虫腈、速灭威、艾氏剂、汞制剂、砷类、铅类、所有拟除虫菊酯类	剧毒、高毒、高残留、致癌、致畸、易药害、对生态环境影响大等
杀螨剂	三氯杀螨醇	
杀菌剂	三苯基氯化锡、三苯基醋酸锡、毒菌锡、氯化锡、五氯硝基苯、五氯苯甲醇、苯菌灵、乙酸铜、丙森锌、亚胺唑、溴硝醇、敌瘟磷、联苯三唑醇、农用链霉素、农用硫酸链霉素、新植霉素	
除草剂	2,4-滴丁酯、草枯醚、百草枯、氯磺隆、甲磺隆、二氯喹啉酸、嗪草酮、胺苯磺隆、除草醚、莠去津、氰草津、野燕枯、丁噻隆、氟硫草定、毒草胺、氟乐灵、莎稗磷、哌草丹、利谷隆、苯噻酰草胺、莠灭净、仲丁灵、西玛津、丙炔噁草酮、扑草净、草甘膦	
其他类	甘氟、毒鼠强、毒鼠硅、杀鼠醚、杀鼠灵、敌鼠钠、溴鼠灵、八氯二丙醚	

第二节　研究成果评价、应用、获奖情况

菜豆是浙江省的重要豆类蔬菜，全省各地普遍种植。丽水市为省内重要菜豆生产地，但因连作年份的延长和土地条件的制约，连作障碍发生较为严重，同时因连作及土壤退化等因素产生了一系列问题，导致菜豆产量和种植面积减少，影响农民增收。为此，从菜豆连作及土壤退化关键因子入手，开展了以消减土传病害及改良土壤为主的菜豆绿色栽培技术研究，取得了以下成果。

一、研究成果

（一）基本探明导致菜豆连作障碍的主要关键因子

通过田间调查，基本探明导致菜豆连作障碍的主要关键因子为土传病菌、土壤次生盐渍化、土壤酸化；发现"土传性菜豆根腐病为丽水菜豆连作障碍中最典型的外在表现，为丽水市菜豆生产上发病较重、危害较大、防治较难的病害"。

（二）创建菜豆"健身"栽培技术，创新防控菜豆连作障碍技术理念

应用集良种、土壤消毒、土壤修复、土壤施肥、植株管理等技术的菜豆"健身"栽培技术；选用耐连作品种，播种前应用土壤消毒剂抑制土壤有害微生物活性或应用土壤修复剂建立有益微生物群优势，结合合理施肥和科学栽培，增强菜豆植株生命活力及其抗病性，防控菜豆连作障碍。

（1）筛选并应用噁霉灵、咪鲜胺、敌磺钠 3 种低毒、高效、低残留的农药作为土壤消毒剂和根腐病、枯萎病等病害的防治药剂，抑制菜豆土传病原活性，减轻土传病害

菜豆连作田在翻耕整地后播种前 5 d，用噁霉灵、咪鲜胺、敌磺钠、漂白粉 4 种消毒剂处理土壤，对菜豆根腐病的防效都达 70% 以上，但以噁霉灵处理对菜豆根腐病的相对防效最好，为 87.6%；其次是咪鲜胺；再

次是敌磺钠；4种土壤消毒剂均能有效地控制菜豆根腐病的发生，且增产13%~18%。综合考虑防治效果和使用成本，筛选出噁霉灵、咪鲜胺、敌磺钠3种低毒、高效、低残留的农药作为土壤消毒剂和根腐病、枯萎病等土传病害的防治药剂，其中敌磺钠为首选药剂。

噁霉灵、咪鲜胺、敌磺钠均为高效、广谱、低毒型杀菌剂，具有内吸传导、保护和治疗等多重作用，对半知菌引起的多种病害防效极佳。3种消毒剂混用能够提高防控效果，播种前5 d，每667 m² 用99%噁霉灵200 g和45%敌磺钠2 000 g兑水1 000 kg喷洒于种植行消毒土壤；或每667 m² 用99%噁霉灵125 g和25%咪鲜胺1 250 mL兑水1 000 kg喷洒于种植行消毒土壤，对菜豆根腐病的防效均达81.64%以上，同时预防菜豆枯萎病等其他土传病害。尤以噁霉灵和咪鲜胺混用消毒土壤的菜豆根腐病发病率最低，相对防效最好；但防治成本以噁霉灵和敌磺钠混用最低，综合效益最好。

（2）筛选并应用连作生物有机肥、黄腐酸钾、亚联1号3种高效无毒土壤修复剂，提高土壤中有益微生物种群优势，修复连作障碍土壤，增强菜豆植株生命活力及其抗病性

以连作生物有机肥、黄腐酸钾、亚联1号3种土壤修复剂及其组合混用，经修复的土壤种植菜豆后根腐病发病率在5.45%~10.53%；较对照降低13.61个百分点以上。同时，菜豆的荚长、单荚重两个嫩荚性状均有明显优化，产量也增幅13.9%以上；具有修复连作障碍土壤及提高土壤中有益微生物种群优势，抑制根腐病、枯萎病等土传有害微生物病原的效果。以黄腐酸钾与连作生物有机肥组合混用，修复土壤的作用最好；其次是亚联1号。应用成本以黄腐酸钾最低，综合效益以黄腐酸钾与连作生物有机肥组合混用最好。每667 m² 用80%黄腐酸钾20 kg和连作生物有机肥25 kg在菜豆播种前结合基肥深施于种植行；或在菜豆播种前基肥深施后，每667 m² 用亚联1号63 mL和其伴侣兑水后喷洒于种植行，以能渗入土壤20 cm为宜，创建土壤中有益微生物种群优势，修复连作障碍土壤，增强菜豆植株生命活力及其抗病性，防控菜豆连作障碍，实现菜豆产量和品质的提高。

（三）创新农作制度，推广菜豆与水稻水旱轮作技术，治理菜豆连作障碍

创建菜豆—水稻—冬菜一年三熟高产高效的水旱轮作农作制度创新模式，每 667 m² 菜豆产量达到 1 500 kg 左右，产值 7 500 元；水稻产量 550 kg，产值 2 500 元；冬菜产量 2 500 kg 左右，产值 5 800 元；三茬合计总产值 15 800 元左右，纯收入 10 100 元左右，实现"千斤粮、万元钱"的效果。实施水旱轮作后，治理土壤酸化、盐化；控制土壤病害，改善和优化农业生态系统，提高土壤肥力，减轻蔬菜连作障碍，减少农药使用量，稳定蔬菜和粮食生产。解决了菜豆高效益但不宜连作，和水稻连作收益低、农民种粮积极性不高两大生产技术难题，促进了农业增效、农民增收。

（四）菜豆与 C_4 作物轮作除盐

应用玉米（甜玉米、墨西哥玉米、普通玉米）、甜高粱、高丹草、苏丹草等 C_4 作物与菜豆轮作，在较短的时间内，降低土壤表层盐分 20.7% 以上。其中甜玉米除盐效果最好，为 46.6%，甜高粱次之，实现了菜田次生盐渍化土壤的改良。

（五）集成创新了菜豆绿色栽培技术体系

集成创建了基于"良种选择+土壤消毒（土壤修复）+合理施肥+绿色防控""菜豆与水稻、茭白水旱轮作""C_4 作物除盐""氰氨化钙改良酸化土壤"为主要技术，创制系统、可行的菜豆绿色栽培关键技术方案。在种植制度上推广"菜豆与水稻、茭白水旱轮作""C_4 作物与菜豆轮作"。在种植品种上选用抗病虫良种；在栽培技术上应用合理施肥和科学栽培的"健身"栽培，达到增强菜豆植株活力及其抗病性，减少病虫害发生的效果。在病虫防治上采用以生态调控（农业防治）、物理防治、生物防治为主，必要时科学、合理、安全应用化学防治，有效控制农作物病虫害。在土传病害控制上，针对土传病害发病轻重程度，播种前应用土壤消毒剂消毒土壤，抑制土壤有害微生物活性，或应用土壤修复剂修复土壤，增加有益微生物活性；或土壤消毒剂与土壤修复剂间隔交替应用。在菜豆连作障

碍防控上，突破了传统治理菜豆连作障碍"轻产前、重产后"的被动治理方式，实现了菜豆连作障碍传统治理"大药大肥"向环境友好型消减的技术革新。

（六）制定《菜豆绿色栽培技术规程》等地方标准（规范）3 项

制定的《菜豆绿色栽培技术规程》地方标准于 2021 年 8 月经丽水市市场监督管理局批准发布，并于 2021 年 9 月 23 日起正式实施。该推荐性标准规定了菜豆绿色栽培技术的术语和定义、产地选择、播前准备、播种、田间管理、病虫防治、采收及清园、建档及溯源等技术，为菜豆绿色栽培技术的推广应用提供技术支撑。标准的实施将有效促进丽水市农产品标准化生产、农产品质量安全生产、丽水生态精品农业发展、农业增效和农民增收，落实丽水蔬菜对标欧盟标准、提高农产品市场竞争力。

制定的《菜豆化肥农药减施栽培技术规程》地方技术性规范于 2020 年 8 月经丽水市莲都区市场监督管理局批准发布，并于 2020 年 9 月 20 日起正式实施。该技术性规范规定了菜豆化肥农药减施栽培技术的术语和定义、产地选择、播前准备、播种、田间管理、病虫防治、采收、清园，为菜豆生产的化肥农药减施技术应用提供技术支撑。标准的实施，将对菜豆生产中肥药减施增效起到指导作用，可明显减少农药和化肥的使用量，有效地解决蔬菜连作障碍和土壤次生盐渍化问题，控制农业面源污染，保护生态环境，提高土壤肥力及蔬菜产量和品质，保障菜豆的安全生产。同时，对其他豆类蔬菜的肥药减施增效也有一定的借鉴作用。

此外，制定的《四季豆栽培技术规范》地方技术性规范于 2020 年 12 月经龙泉市市场监督管理局批准发布，并于 2021 年 1 月 17 日起正式实施。

（七）申请专利 7 项，并获授权，其中发明专利 1 项

在试验研究中，总结研究成果申请了"一种挖穴播种装置""一种快捷获取探针在媒介中插入深度的装置""一种快速获取土样深度的土壤取样器""一种土壤搅拌装置""一种小型土壤搅拌装置""一种可连续作

业的土壤搅拌装置" 6 项实用新型专利并获得授权, 另有 "一种快速获取插入深度的探针装置" 申请发明专利并获得授权。

(八) 科技推广模式创新

菜豆连作障碍防控技术研究与 "莲都区蔬菜产业提质增效集成技术与示范推广" "山地豆类蔬菜肥药减施增效技术示范" 等项目结合, 开展科技培训, 购买 43 种蔬菜科技书籍 3 600 余本, 编印《农业技能手册》《豆类蔬菜肥药减施技术知识读本》3 500 余本, 重点发送到丽水市莲都区蔬菜主产区碧湖镇的 38 个 "农家书屋", 碧湖镇和峰源乡的 33 个主要蔬菜生产经营主体的 "合作社之家", 11 个基层农技推广站和 14 个乡镇政府, 以 "藏书于民, 相互学习, 提高技能" 的科技推广新模式, 普及蔬菜生产科技知识, 提高产业农民的总体素质。

二、研究评价

(一) 菜豆连作障碍防控的技术理念创新

该课题提出 "选用耐连作品种, 播种前应用土壤消毒剂抑制土壤有害微生物活性或应用土壤修复剂建立有益微生物群优势, 产中结合合理施肥和科学栽培, 增强菜豆植株生命活力及其抗病性" 的菜豆连作障碍防控的技术理念, 并在该技术理念的引领下, 展开了土壤消毒剂、土壤修复剂、水旱轮作在防控菜豆连作障碍上的技术研究, 取得了良好的应用效果。

(二) 连作障碍土壤消毒技术的创新

该课题以噁霉灵、咪鲜胺、敌磺钠 3 种低毒、高效、低残留的农药作为土壤消毒剂的土壤消毒技术, 治理菜豆连作障碍, 具有低成本、安全、使用方法简单、效果好的优点, 易于农民使用和推广。

(三) 连作障碍土壤修复技术的创新

该课题以 "连作"、黄腐酸钾、亚联 1 号 3 种有机肥为土壤修复剂的土壤修复技术, 有效创建土壤中有益微生物种群优势, 修复连作障碍土壤，协调菜豆正常生长，增强菜豆植株生命活力及其抗病性。实现连作田菜豆产量提高12%以上，有效治理了菜豆连作障碍。具有低成本、安全、使用方法简单、效果好的优点，易于农民使用和推广。

（四）创新农作制度，解决菜豆高效益但不宜连作，和水稻连作收益低、农民种粮积极性不高两大生产技术难题

该课题创建的豆稻水旱轮作制度，即菜豆—水稻—冬菜（儿菜、油冬菜、萝卜、莴苣）一年三熟高产高效水旱轮作栽培制度，能够改善和优化农业生态系统，破解豆类蔬菜高效益但不宜连作，和水稻连作收益低、农民种粮积极性不高两大生产技术难题，能有效解决菜豆连作障碍问题，增加了农民收入，实现"千斤粮、万元钱"的效果。

（五）C_4作物除盐技术

1. 筛选出除盐效果良好的除盐生物

筛选出玉米（甜玉米、墨西哥玉米）、甜高粱、高丹草、苏丹草为蔬菜次生盐渍化土壤的除盐生物，具有良好的除盐效果，其中墨西哥玉米和高丹草在改良蔬菜土壤次生盐渍化上鲜有报道；研究发现了常规密度种植甜玉米也具有良好的除盐效果，这在改良蔬菜土壤次生盐渍化上鲜有报道。

2. 探索成功新的土壤次生盐渍化评价技术

改进了德国STEPS公司的PNT 3000土壤盐度计的探针（实用新型专利：一种快捷获取探针在媒介中插入深度的装置），发明了"一种快速获取土样深度的土壤取样器"（实用新型专利），以专利技术与PNT 3000土壤盐度计结合，形成了"基于土壤盐度计测定的蔬菜土壤次生盐渍化评价新技术"，并应用于大范围（区县级）蔬菜土壤次生盐渍化现状调查，实现了快速、低成本、操作方法简便的蔬菜土壤盐渍化估测评价工作，这在国内鲜有报道。

（六）菜豆绿色栽培关键技术集成创新

集成创建了基于"良种选择+土壤消毒（土壤修复）+合理施肥+绿

色防控""菜豆与水稻、茭白水旱轮作""C$_4$作物除盐""氰氨化钙改良酸化土壤"为主要技术，创建了系统、可行的菜豆绿色栽培关键技术方案。不仅突破了传统菜豆连作障碍治理中"轻产前、重产后"的被动治理方式，也是菜豆连作障碍传统治理"大药大肥"向环境友好型消减的技术革新。同时，也消减了土壤酸化、土壤次生盐渍化等土壤退化现象，减缓了菜豆生产上偏施化肥、过量施化肥、病虫害防治不合理等状况。

三、成果应用及获奖情况

通过菜豆绿色栽培关键技术的研究，创新并集成菜豆绿色栽培技术体系，符合"生态农业""可持续农业""绿色农业""农业绿色发展""绿色农业技术""农药化肥减量使用"等先进理念，推动了农作物绿色栽培的技术进步。在种植制度上推广"菜豆与水稻、茭白水旱轮作""C$_4$作物与菜豆轮作"；在种植品种上选用抗病虫良种；在栽培技术上应用合理施肥和科学栽培的"健身"栽培，达到增强菜豆植株生命活力及其抗病性，减少病虫害发生的效果；在病虫防治上采用以生态调控（农业防治）、物理防治、生物防治为主，必要时科学、合理、安全使用农药应用化学防治，有效控制农作物病虫害；在土传病害控制上，针对土传病害发病轻重程度，播种前应用土壤消毒剂消毒土壤，抑制土壤有害微生物活性，或应用土壤修复剂修复土壤，增加有益微生物活性；或土壤消毒剂与土壤修复剂间隔交替应用。在菜豆连作障碍防控上，突破了传统菜豆连作障碍治理中"轻产前、重产后"的被动治理方式，实现了菜豆连作障碍传统治理"大药大肥"向"以防为主、防控结合"环境友好型消减的技术革新。取得了药肥"双减"、产量和品质提高、农民增收的成效。同时，在技术推广中以"藏书于民，相互学习，提高技能"的科技推广新模式，开展蔬菜先进实用技术的普及与推广工作，显著提升了蔬菜产业从业人员的技能水平。成果的应用不仅取得了显著的经济效益、社会效益、生态效益，也得到了政府及有关单位的肯定。

（一）成果应用情况

课题研究成果于2011年2月开始在丽水市莲都区推广应用，2013年开始在丽水市的龙泉市、景宁畲族自治县、遂昌县、松阳县、云和县等地应用，据初步统计，至 2021 年累计推广应用 $5.5×10^3$ hm^2，新增产值 6 530万元，净增产值 4 380万元，节约成本 780 万元；每 667 m^2 新增产值约 790 元，净增产值约 530 元。在成果推广中，开展了蔬菜生产技术培训，发放专业书籍及资料约 1.7 万份，"藏书于民，相互学习，提高技能"。推广菜豆绿色栽培技术，提高了菜豆的产量和品质，减少农药和化肥的使用量，降低农业面源污染，保障农产品的质量安全，促进了菜豆产业的可持续发展和蔬菜生产的科技进步。

（二）成果获奖情况

近年来，相关成果主要获奖情况如下：①2016 年，"莲都区蔬菜产业提质增效集成技术与示范推广"项目获丽水市科学技术奖二等奖。②2018 年，成果应用单位丽水市峰源长达高山果蔬专业合作社生产的菜豆在浙江省农业农村厅举办的浙江精品果蔬展销会上获得金奖。③2019 年，《基于生态农业的次生盐渍化蔬菜土壤改良及肥力提升的技术路径》在浙江省科学技术协会组织的第二届浙江省中西部乡村振兴战略论坛暨农村实用技术对接活动中获论文一等奖。④2020 年，《菜豆化肥农药减施栽培技术》《关于改良次生盐渍化蔬菜土壤的建议》获全国农业技术推广服务中心、中国农业技术推广协会主办的第九届中国农业推广征文优秀论文三等奖。⑤2021 年，《丽水市山地菜豆新品种引种试验》在浙江省科学技术协会组织的乡村振兴战略研讨会中获论文优秀奖。

第五章 菜豆绿色栽培技术的展望及思考

第一节 菜豆绿色栽培技术的展望

菜豆作为我国消费者喜爱的蔬菜之一，在全国广泛种植。近年来，我国菜豆栽培面积和产量居于世界前列，菜豆消费市场不断增加，菜豆产业持续健康发展。菜豆与其他蔬菜一样，对温度、光照、水分、土壤等因素有特定的要求，以及生产者的种植习惯、市场分布等因素影响，使得蔬菜生产被限制在一定的区域内。如果忽视土壤改良和连作问题，蔬菜连作障碍现象将会日益严重，特别是随着设施蔬菜生产的产业化、专业化、规模化的发展，更加剧了蔬菜连作障碍的发生，严重地制约了蔬菜产业的可持续发展。菜豆作为蔬菜中一个播种面积较大的豆科植物更是如此。

土壤中有害微生物的积累、土壤次生盐渍化及酸化、蔬菜作物的自毒作用是蔬菜作物连作障碍产生的主要原因[127]，也是菜豆绿色栽培中的主要障碍因子。轮作是目前应用比较广泛且效果明显的一种方法[128]，可以有效地解决土传病害问题。间作套种可以提高土地利用率和单位面积的产出，并可部分解决连作障碍问题。陕西省关中地区冬小麦与线辣椒的间作套种表明，间作能明显减少线辣椒病毒病发病率，同时使线辣椒整体生长量增加，产量提高，畸形果减少，缓解线辣椒连作所引起的障碍，在陕西省线辣椒产区得到广泛应用；线辣椒与玉米间作套种也可降低线辣椒疫病的发病率；葱蒜类作物的根系分泌物对多种细菌和真菌具有较强的抑制作用，常被用于解决土传病害问题。土壤施入拮抗微生物或加入有机物能提高拮抗微生物的活性，降低土壤中病原菌的密度，抑制病原菌的活动，减轻病害的发生[129]；使用含有有益微生物种群的生物有机肥抑制土壤致病菌也是生物防治连作障碍的途径之一[130-131]；增施有机肥能缓解蔬菜作物连作障碍，生产上被普遍采用[132]，主要机理是有机肥改善了土壤微生态环境，提高了土壤中微生物的数量并增强其活力，促进了根系生长，提高了根系活性[133-136]。不同作物及同一作物的不同品种对重茬的抗性和耐性差异较大，选育、选择抗（耐）重茬的品种也是解决蔬菜作物重茬障碍的一个重要途径。

蔬菜连作障碍除实行长期轮作外，很难通过一种或少数几种措施完全解决，只能在预防和控制上采用轮作、间作套种、选用抗（耐）重茬品种、嫁接、无土栽培、合理的土壤管理、生物防治等技术措施克服连作障碍。防控菜豆连作障碍也需要集成不同的技术措施，才能达到良好的防控效果。

治理土壤次生盐渍化、酸化等土壤退化问题，加强土壤培肥管理，改良土壤，提高土壤肥力，与蔬菜连作障碍的治理相结合，或许是今后农作物绿色栽培技术的一个重要课题，也是菜豆绿色栽培技术今后需进一步深入的研究方向。

第二节　菜豆绿色栽培技术的思考

菜豆绿色栽培涉及作物、土壤、环境等生物及非生物的诸多复杂因素，并且这些因素之间存在相互的影响，想要通过任何单一的措施或通过少数几个措施都很难实现菜豆绿色栽培的目标。迄今为止，绿色栽培中有许多蔬菜连作障碍的研究，大多还是停留在单因子水平上，缺乏对其内在相互关系、相互影响的深入了解。菜豆绿色栽培技术研究的重点是菜豆及种植菜豆的土壤。虽然目前菜豆绿色栽培技术的研究涉及连作障碍土壤消毒、土壤修复、土壤次生盐渍化、酸化治理及轮作制度的模式应用等方面，也取得了一定的成果和明显的应用成效。但因受限于相关科技手段及理念，研究深度和广度还有所欠缺，这与我们的专业知识尚存缺陷有关，也与我们基层推广机构的研究装备和研究投入不足有关。

不管前方的路多么难，今后我们将利用一切机会，携志同道合的农业人，在菜豆绿色栽培技术上作进一步的研究，以期取得更好的成绩，为"三农"做我们农业人该做的事。

参考文献

[1] 武晶. 普通菜豆基因组研究进展 [J]. 四川农业大学学报, 2021 (1): 4-10.

[2] 严小龙, 卢永根. 普通菜豆的起源、进化和遗传资源 [J]. 华南农业大学学报, 1994 (4): 110-115.

[3] 郑卓杰, 胡家篷. 中国食用豆类品种资源目录. 第二集 [M]. 北京: 农业出版社, 1990.

[4] 杨珊, 余莉, 王昭礼, 等. 122 份国外普通菜豆资源聚类分析和主成分分析 [J]. 种子, 2021 (2): 67-75.

[5] 潘磊, 宋丽娟, 高桐, 等. 菜豆种子遗传变异的 InDel 分子标记分析 [J]. 江西农业大学学报, 2020 (2): 250-258.

[6] 谢国芳, 张明生. 鲜食菜豆采后贮藏保鲜技术研究进展 [J]. 食品工业科技, 2019 (12): 326-330.

[7] 陆燕, 薛晨晨, 陈新, 等. 常熟市碧溪新区菜豆新品种引种筛选试验 [J]. 现代农业科技, 2018 (8): 97-98.

[8] 付霞. 菜豆种质资源的形态学和同工酶分析 [D]. 雅安: 四川农业大学, 2015.

[9] 雷蕾. 普通菜豆核心种质遗传结构及多样性研究 [D]. 北京: 中国农业科学院, 2018.

[10] 王久兴, 刘丽霞. 图说菜豆、豇豆栽培关键技术 [M]. 北京: 中国农业出版社, 2010.

[11] 丁潮洪, 李汉美. 丽水豆类蔬菜 [M]. 北京: 科学技术文献出版社, 2015.

[12] 罗艳玲. 秋菜豆丰产栽培技术 [J]. 农民致富之友, 1995 (8): 9.

[13] 尼·伊·瓦维洛夫. 育种的植物地理学基础//育种的理论基础 [M]. 莫斯科: 科学出版社, 1987.

[14] 郑卓杰. 中国食用豆类学 [M]. 北京: 中国农业出版社, 1995.

[15] 卢永根. 栽培植物的起源和农作物品种资源 [J]. 植物学杂志, 1975 (3): 24-26.

[16] HURT R D. Indian agriculture in America, prehistory to the present [M]. Lawrence: University Press of Kansas, 1987.

[17] MARAS M, SUNIK S, et al. Temporal changes in genetic diversity of common bean (*Phaseolus vulgaris* L.) accessions cultivated between 1800 and 2000 [J]. Russian Journal of Genetic, 2006, 42: 775-782.

[18] 张箭. 菜豆—四季豆发展传播史研究 [J]. 农业考古, 2014 (4): 218-229.

[19] 张晓艳, 王坤, BLAIR M W, 等. 中国普通菜豆形态性状分析及分类 [J]. 植物遗传资源学报, 2007 (4): 406-410.

[20] 大日本百科事典编委会. 大日本百科事典 (第2卷) [Z]. 东京: 株式会社小学馆, 1980.

[21] 张赤红. 普通菜豆种质资源遗传多样性与分类研究 [D]. 北京: 中国农业科学院, 2004.

[22] 刘庞源, 何伟明. 优异菜豆种质资源特征评价及筛选 [J]. 安徽农业科学, 2008 (2): 493, 604.

[23] 刘庞源, 何伟明. 菜豆种质资源特征评价及信息分析 [J]. 现代农业科技, 2007 (19): 13-14.

[24] 王素. 菜豆生产和品种选育 [J]. 世界农业, 1990 (7): 23-24.

[25] 韩俊丽, 郭庆元, 王晓鸣. 普通菜豆种传病毒及其检测 [C] //植物保护科技创新与发展——中国植物保护学会 2008

年学术年会论文集，2008.

[26] 朱文斌，李育军.华南地区普通菜豆栽培模式、品种与绿色生产应用[J].长江蔬菜，2021（10）：41-44.

[27] 吴磊.普通菜豆抗旱相关基因的发掘与定位[D].北京：中国农业科学院，2019.

[28] 张宗法（清）.三农纪[M].成都：四川大学图书馆超星数字图书数据库.

[29] 张宗法（清）.三农纪校释[M].邹介正，等，校释.北京：农业出版社，1989.

[30] 李龙，王兰芬，武晶，等.普通菜豆抗旱生理特性[J].作物学报，2014（4）：702-710.

[31] 王学东.菜豆品种比较试验及药剂处理效应的研究[D].杨凌：西北农林科技大学，2008.

[32] 鲁铭颖，黄俊轩，刘艳军，等.提高荚用菜豆人工杂交授粉率的关键技术[J].中国蔬菜，2022（3）：126-128.

[33] 孙志慧.食物营养速查全书[M].天津：天津科学技术出版社，2013.

[34] 洺宽.菜豆的营养价值[J].吉林蔬菜，2009（6）：49.

[35] 郑燕文.豇豆CAT活性的研究[J].安徽农业科学，2010（5）：2306-2307，2366.

[36] 冯国军，刘大军.菜豆的营养价值评价与分析[J].北方园艺，2016（24）：200-208.

[37] 高翔.浅析五谷小杂粮菜豆[J].农技服务，2017（2）：44，46.

[38] 闫任沛，孙东显，苏允华，等.呼伦贝尔市食用豆产业发展现状及对策[J].农业工程技术，2017（23）：9-10.

[39] 汪爱华.菜豆周年生产技术[M].北京：金盾出版社，2015.

[40] 赵荣琛.蔬菜栽培学[M].北京：高等教育出版社，1958.

[41] 眭晓蕾，任华中.豆类蔬菜高产优质栽培技术[M].北京：中国林业出版社，2000.

［42］ 张任驰. 促进丽水市生态农业发展的财税政策研究 ［D］. 南昌：江西财经大学，2020.

［43］ 郭显鹏，黄应绘. 生态农业、乡村旅游和乡村振兴协调性研究——以重庆市为例 ［J］. 湖北农业科学，2022 （2）：29-34.

［44］ 王芬，吴建军，卢剑波. 国外农业生态系统可持续发展的定量评价研究 ［J］. 世界农业，2002 （11）：47-49.

［45］ 张卫信，申智锋，邵元虎，等. 土壤生物与可持续农业研究进展 ［J］. 生态学报，2020 （10）：3183-3206.

［46］ 严立冬. 绿色农业发展与财政支持 ［J］. 农业经济问题，2003 （10）：36-39.

［47］ 杨兰根，张爱民，郑立平. 绿色农业及其发展对策 ［J］. 江西农业学报，2006 （5）：157-160.

［48］ 周新德. 绿色农业产业集群的内涵、特征与效应分析 ［J］. 湖南社会科学，2013 （6）：141-144.

［49］ 白瑛，张祖锡. 试论绿色农业 ［J］. 中国食物与营养，2004 （9）：59-62.

［50］ 张艳玲. 中国农业绿色发展能力评价及提升研究 ［D］. 太原：山西财经大学，2020.

［51］ 严立冬，孟慧君，刘加林，等. 绿色农业生态资本化运营探讨 ［J］. 农业经济问题，2009 （8）：18-24.

［52］ 李由甲. 我国绿色农业发展的路径选择 ［J］. 农业经济，2017 （3）：6-8.

［53］ 孙炜琳，王瑞波，姜茜，等. 农业绿色发展的内涵与评价研究 ［J］. 中国农业资源与区划，2019 （4）：14-21.

［54］ 周旗，李诚固. 我国绿色农业布局问题研究 ［J］. 人文地理，2004 （1）：42-46，41.

［55］ 池文宝. 绿色农业与绿色农业技术相关模式探讨 ［J］. 种子科技，2020 （4）：73，75.

［56］ 吴雪莲. 农户绿色农业技术采纳行为及政策激励研究——以湖

北水稻生产为例 [D]. 武汉：华中农业大学，2016.

[57] 王艳霞. 绿色农业种植技术的概念以及推广策略探究 [J]. 农家参谋，2020（2）：78.

[58] 刘亚琴. 绿色农业与绿色农业技术 [J]. 河南农业，2019（11）：50-51.

[59] 刘二阳. 基于农户视角的绿色种植技术认知与采纳意愿研究——以安徽省庐江县为例 [D]. 北京：中国农业科学院，2020.

[60] 瞿云明，谢建秋，等. 浙江省丽水市杀虫抑菌植物 [M]. 北京：中国农业科学技术出版社，2017.

[61] 程文亮，李建良，何伯伟，等. 浙江丽水药物志 [M]. 北京：中国农业科学技术出版社，2014.

[62] 瞿云明. 丽水市莲都区农药植物资源研究初报 [J]. 农业科技通讯，2017（6）：208-210.

[63] 刘庭付，张典勇，马瑞芳，等. 不同种植模式对菜豆理化性状、生育期、产量的影响 [J]. 长江蔬菜，2018（8）：68-69.

[64] 马瑞芳，丁潮洪，刘庭付，等. 丽水高山菜豆—萝卜轮作技术应用 [J]. 长江蔬菜，2017（19）：8-10.

[65] 刘庭付，叶伟林，张世法，等. 屏南镇高山菜豆产业现状及高山蔬菜产业发展 [J]. 浙江农业科学，2016（5）：698-700.

[66] 陈新，王学军，袁星星，等. 豆类蔬菜设施栽培 [M]. 北京：中国农业出版社，2013.

[67] 陈晓燕，范成五，瞿飞，等. 土壤重金属污染评价方法概述 [J]. 浙江农业科学，2017（10）：1801-1804，1810.

[68] 王慧颖，徐明岗，马想，等. 长期施肥下我国农田土壤微生物及氨氧化菌研究进展 [J]. 中国土壤与肥料，2018（2）：1-12.

[69] 陈美球，吴次芳. 土地健康研究进展 [J]. 江西农业大学学报（自然科学版），2002（3）：324-329.

[70] 佚名. 中国土壤标本 [EB/OL]. [2018-11-19]. http：//www. zgnybwg. com. cn/detail/zh/27. html.

[71] 胡孝明. 武汉市新洲区菜地土壤酸化形成特征及其生态效应研究 [D]. 武汉：华中农业大学，2009.

[72] 黄昌勇. 土壤学 [M]. 北京：中国农业出版社，2010.

[73] 章力建，蔡典雄，等. 农业立体污染综合防治理论与实践 江河流域与平原卷 [M]. 杭州：浙江科学技术出版社，2013.

[74] 王文勇. 基于 RS 和 GIS 的山东省盐渍化问题研究 [D]. 淄博：山东理工大学，2012.

[75] 赵恒栋，葛茂悦，王怀栋，等. 我国三种主要蔬菜氮肥的利用现状分析 [J]. 北方园艺，2017 (5)：151-155.

[76] 杨小振，张显. 设施栽培西瓜灌溉施肥技术研究进展 [J]. 中国瓜菜，2014 (1)：6-8.

[77] 陈晓红，邹志荣. 温室蔬菜栽培连作障碍研究现状及防治措施 [J]. 陕西农业科学，2002 (12)：16-17，20.

[78] 郑军辉，叶素芬，喻景权. 蔬菜作物连作障碍产生原因及生物防治 [J]. 中国蔬菜，2004 (3)：57-59.

[79] 陈清，卢树昌. 果类蔬菜养分管理 [M]. 北京：中国农业大学出版社，2015.

[80] 张艳秋，刘伟. 菜豆细菌性疫病的发生规律与综合防治 [J]. 植物医生，2005 (1)：13-14.

[81] 郭书普. 豇豆、菜豆、豌豆、扁豆病虫害鉴别与防治技术图解 [M]. 北京：化学工业出版社，2012.

[82] 应芳卿，刘宗立. 菜豆根腐病的发生与综合防治 [J]. 现代农业科技，2006 (21)：85.

[83] 董玥，蒋娜，李健强，等. 七种杀菌剂对菜豆灰霉病菌的室内毒力测定 [C] //中国植物病理学会 2017 年学术年会论文集，2017.

[84] 薛仁风，朱振东，黄燕，等. 应用荧光定量 PCR 技术分析普通菜豆品种中尖镰孢菜豆专化型定殖量 [J]. 作物学报，

2012（5）：791-799.

[85] 赵晓彦，王晓鸣，朱振东，等.普通菜豆抗炭疽病基因鉴定与分子标记［J］.植物遗传资源学报，2006（1）：95-99，105.

[86] 虞轶俊.蔬菜病虫害无公害防治技术［M］.北京：中国农业出版社，2003.

[87] 王就光，唐仁华，周国珍，等.豆类蔬菜病虫害防治彩色图说［M］.北京：中国农业出版社，2004.

[88] 张大磊，刘霞，徐振，等.青岛大沽河流域蔬菜基地土壤酸化现状分析研究［J］.青岛理工大学学报，2016（3）：1-6.

[89] 徐仁扣，李九玉，周世伟，等.我国农田土壤酸化调控的科学问题与技术措施［J］.中国科学院院刊，2018，33（2）：160-167.

[90] 朱国梁，毕军，夏光利，等.不同缓释肥料对黄瓜产量、品质及养分利用率的影响［J］.中国土壤与肥料，2013（1）：68-73.

[91] 杜建军，毋永龙，田吉林，等.控/缓释肥料减少氨挥发和氮淋溶的效果研究［J］.水土保持学报，2007（2）：49-52.

[92] 俞巧钢，符建荣，马军伟，等.DMPP 对菜地土壤氮素径流损失的影响［J］.环境科学，2008（3）：870-874.

[93] 黄益宗，马宗炜，王效科，等.硝化抑制剂在农业上应用的研究进展［J］.土壤通报，2002（4）：310-315.

[94] 孟庆峰，杨劲松，姚荣江，等.碱蓬施肥对苏北滩涂盐渍土的改良效果［J］.草业科学，2012（1）：1-8.

[95] 郭晓飞，王琛.土壤盐渍化评价研究进展［J］.现代农业科技，2015（7）：213-215.

[96] 鲍士旦.土壤农化分析［M］.北京：中国农业出版社，2000.

[97] 刘峰，雷玲玲，刘慧芹，等.2265FS 土壤原位电导仪测定结果与土壤含盐量的关系［J］.湖北农业科学，2014（13）：3167-3169.

[98] 车永梅，刘香凝，肖培连，等.酿酒葡萄品种耐盐性的研究

[J]. 北方园艺, 2015 (23): 18-22.

[99] 蒋乔峰, 陈静波, 宗俊勤, 等. 盐胁迫下磷素对沟叶结缕草生长及 Na^+ 和 K^+ 含量的影响 [J]. 草业学报, 2013 (3): 162-168.

[100] 张文洁, 丁成龙, 沈益新, 等. 沿海滩涂地区不同栽培措施对禾本科牧草产量及品质的影响 [J]. 草地学报, 2012 (2): 318-323.

[101] 文方芳, 金强, 梁金凤, 等. 设施土壤次生盐渍化的评价与防治 [J]. 中国农技推广, 2013 (1): 40-42.

[102] 习斌, 张继宗, 翟丽梅, 等. 甜玉米作为填闲作物对北方设施菜地土壤环境及下茬作物的影响 [J]. 农业环境科学学报, 2011 (1): 113-119.

[103] 王金龙, 阮维斌. 4 种填闲作物对天津黄瓜温室土壤次生盐渍化改良作用的初步研究 [J]. 农业环境科学学报, 2009 (9): 1849-1854.

[104] 蔺海明, 贾恢先, 张有福, 等. 毛苕子对次生盐碱地抑盐效应的研究 [J]. 草业学报, 2003 (4): 58-62.

[105] 文方芳, 韩宝, 于跃跃, 等. 4 种填闲作物对设施菜田土壤次生盐渍化的改良效果 [J]. 中国农技推广, 2015 (4): 44-46.

[106] 魏晓明, 赵银平, 杨瑞平. 设施西瓜连作障碍及防治措施研究进展 [J]. 中国瓜菜, 2016 (9): 1-5.

[107] 辛明亮, 何新林, 吕廷波, 等. 土壤可溶性盐含量与电导率的关系实验研究 [J]. 节水灌溉, 2014 (5): 59-61.

[108] 骆世明. 农业生态学 [M]. 北京: 中国农业出版社, 2001.

[109] 贺峰, 雷海章. 论生态农业与中国农业现代化 [J]. 中国人口·资源与环境, 2005 (2): 23-26.

[110] 柯福艳. 浙江低碳农业发展的现状、路径选择与政策建议 [J]. 浙江农业科学, 2013 (2): 117-120.

[111] 潘根兴, 程琨, 陆海飞, 等. 可持续土壤管理: 土壤学服务

社会发展的挑战 [J]. 中国农业科学, 2015 (23):
4607-4620.

[112] 郭敏, 王楠, 付畅. 植物根系耐盐机制的研究进展 [J]. 生物技术通报, 2012 (6): 7-12.

[113] 杨凤娟, 吴焕涛, 魏珉. 轮作与休闲对日光温室黄瓜连作土壤微生物和酶活性的影响 [J]. 应用生态学报, 2009 (12): 2983-2988.

[114] 武际. 水旱轮作条件下秸秆还田的培肥和增产效应 [D]. 武汉: 华中农业大学, 2012.

[115] 孙丽娜, 王淼, 吴春华. 连农 923 菜豆胚培养技术及愈伤组织诱导研究 [J]. 长江蔬菜, 2016 (4): 56-57.

[116] 欧阳美, 喻训勇. 芸豆炭疽病的发生与防治 [J]. 上海蔬菜, 2017 (5): 49.

[117] 云祥瑞. 北方地区豆角露地优质高产栽培技术 [J]. 吉林蔬菜, 2020 (2): 15.

[118] 秦向凯, 冯国军, 刘大军, 等. 菜豆种质资源荚壁纤维含量的测定与分析 [J]. 中国蔬菜, 2020 (7): 56-62.

[119] 陈琼, 韩瑞玺, 唐浩, 等. 我国菜豆新品种选育研究现状及展望 [J]. 中国种业, 2018 (10): 9-14.

[120] 李炳元, 潘保田, 韩嘉福. 中国陆地基本地貌类型及其划分指标探讨 [J]. 第四纪研究, 2008, 28 (4): 535-543.

[121] 郑云林, 高迪明. 浙江效益农业百科全书 [M]. 北京: 中国农业科学技术出版社, 2004.

[122] 赵文法. 高山四季豆品比试验 [J]. 上海蔬菜, 2005 (4): 27-28.

[123] 李锡香. 菜豆种质资源描述规范和数据标准 [M]. 北京: 中国农业出版社, 2006.

[124] 储昭尚. 岳西菜豆高山栽培技术 [J]. 农技服务, 2012 (3): 282-284.

[125] 丁潮洪, 章根儿, 张世法, 等. 高山蔓生菜豆长季节栽培技

术 [J]. 中国蔬菜, 2011 (7): 53-54.

[126] 章根儿, 李汉美, 等. 蔓生四季豆塑料大棚不同播种期试验 [J]. 浙江农业科学, 2013 (12): 1630-1631.

[127] 赵尊练, 杨广君, 巩振辉, 等. 克服蔬菜作物连作障碍问题 之研究进展 [J]. 中国农学通报, 2007 (12): 278-282.

[128] 童有为, 陈淡飞. 温室土壤次生盐渍化的形成和治理途径研 究 [J]. 园艺学报, 1991 (2): 159-162.

[129] 胡繁荣. 设施蔬菜连作障碍原因与调控措施探讨 [J]. 金华 职业技术学院学报, 2005 (2): 18-22.

[130] 田丽萍, 王祯丽, 陶丽琼. 大棚蔬菜连作障碍原因与防治措 施 [J]. 石河子大学学报 (自然科学版), 2000 (2): 159-163.

[131] 李登绚, 张红霞, 贺宏伟. 保护地辣椒疫病的发生规律及无 公害防治技术 [J]. 辣椒杂志, 2005 (3): 327-328.

[132] 党建友, 陈永杰, 雷振宇. 两种有机肥及氮磷钾配施对塑料 大棚番茄产量的影响 [J]. 陕西农业科学, 2006 (1): 28-29.

[133] 郭文龙, 党菊香, 吕家珑, 等. 不同年限蔬菜大棚土壤性质 演变与施肥问题研究 [J]. 干旱地区农业研究, 2005 (1): 85-89.

[134] 朱林, 张春兰, 沈其荣. 施用稻草等有机物料对连作黄瓜根 系活力、硝酸还原酶、ATP 酶活力的影响 [J]. 中国农学通 报, 2002 (1): 17-19.

[135] 赵尊练, 史联联, 阎玉让, 等. 克服线辣椒连作障碍的施肥 方案研究 [J]. 干旱地区农业研究, 2006 (5): 77-81.

[136] 宋述尧. 玉米秸秆还田对塑料大棚蔬菜连作土壤改良效果研 究 (初报) [J]. 农业工程学报, 1997 (1): 135-139.

附　　录

附录1　菜豆绿色栽培技术规程
DB3311/T 180—2021

1　范围

本文件规定了菜豆（又名四季豆，下同）绿色栽培技术的术语和定义、产地选择、播前准备、播种、田间管理、病虫防治、采收及清园、建档及溯源。

本文件适用于菜豆绿色栽培。

2　规范性引用文件

下列文件中的内容通过文中的规范性引用而构成本文件必不可少的条款。其中，注日期的引用文件，仅该日期对应的版本适用于本文件；不注日期的引用文件，其最新版本（包括所有的修改单）适用于本文件。

GB 3095　环境空气质量标准

GB/T 8321（所有部分）　农药合理使用准则

GB/T 23348　缓释肥料

NY/T 496　肥料合理使用准则　通则

NY 525　有机肥料

NY/T 748　绿色食品　豆类蔬菜（感官、污染物、农药残留限量部分）

NY/T 798　复合微生物肥料

NY 884　生物有机肥

NY/T 1276　农药安全使用规范总则

NY 2619　瓜菜作物种子　豆类（菜豆、长豇豆、豌豆）

NY/T 5010　无公害农产品　种植业产地环境条件

DB 3311/T 103　食用农产品生产环节质量安全追溯管理规范

3　术语和定义

GB/T 23348 界定的以及下列术语和定义适用于本文件。

3.1　绿色栽培

严格执行国家规定的农产品生产标准，栽培上注重化肥农药减施措施的应用，生产的农产品质量达到绿色食品标准。

3.2　化肥减施

采用配方施肥技术，利用商品有机肥、农家肥、沼液（渣）、菜籽饼、生物菌肥等替代，结合水肥一体化、秸秆还田等措施，减少化学肥料施用。

3.3　农药减施

优先使用农业防治、物理防治、生物防治等措施防治病虫，减少化学农药施用。

3.4　缓释肥料

通过养分的化学复合或物理作用，使其对作物的有效态养分随着时间而缓慢释放的化学肥料。

（来源：GB/T 23348—2009，3.1）

4　产地选择

土壤和灌溉水应符合 NY/T 5010 的规定，环境空气应符合 GB 3095 的规定。宜选择排灌方便、地下水位较低、pH 值为 5.5～6.5、土层深厚疏松、肥沃的壤土或砂壤土，与非豆科作物轮作 2 年以上的田块。

5　播前准备

5.1　品种选择

宜选用优质、高产、抗病性强的蔓生品种，如丽芸 2 号、丽芸 3 号等。种子质量应符合 NY 2619 的要求。

5.2　种子处理

5.2.1　药剂拌种

宜用种子重量 0.1% 的 99% 噁霉灵可湿性粉剂，或种子重量 0.6%～

0.8%的 25 克/升咯菌腈悬浮液拌种。

5.2.2　固氮菌拌种

无药剂拌种的，宜用根瘤菌等固氮菌拌种。

5.3　整地

5.3.1　秸秆还田

提倡秸秆还田，改良土壤，达到化肥减施。水稻秸秆每 667 平方米还田量宜为 500~700 千克；玉米鲜秸秆每 667 平方米还田量宜为 1 000~2 000千克。秸秆还田与土壤深翻相结合，宜用翻耕机深翻土壤 25~40 厘米。

5.3.2　土壤处理

5.3.2.1　土壤酸碱度调节

对土壤 pH 值≤5.5 的，应用土壤酸碱度调理剂调节。可结合土壤翻耕施用生石灰，每 667 平方米宜施生石灰 50~75 千克。

5.3.2.2　土壤消毒

应在播种前 5 天以上进行土壤消毒。每 667 平方米用 99%噁霉灵可湿性粉剂 0.2 千克加 45%敌磺钠可湿性粉剂 2 千克或 25%咪鲜胺乳油 1 250 毫升，兑水 1 000 千克喷洒畦面。

5.3.3　做高畦

整地后做高畦，畦高 20~30 厘米，畦面宽 70~90 厘米，沟宽 30~40 厘米。

5.3.4　施基肥

合理增施有机肥，替代化肥，达到化肥减施。基肥种类和每 667 平方米施用量可选用以下方式：

（1）商品有机肥 300~600 千克、生物有机肥或复合微生物肥料 50 千克、45%的缓释肥料 20~25 千克、硼砂 1~2 千克、硫酸镁 8~10 千克。

（2）腐熟优质农家肥料 1 000~2 000千克、黄腐酸钾 20 千克、生物有机肥或复合微生物肥料 50 千克、45%的缓释肥料 20~25 千克、硼砂 1~2 千克、硫酸镁 8~10 千克。

肥料使用应符合 NY/T 496 的要求。有机肥应符合 NY 525 的要求，生物有机肥、复合微生物肥料应分别符合 NY 884、NY/T 798 的要求，缓释肥料应符合 GB/T 23348 的要求。复合微生物肥料不直接接触缓释肥料。秸秆还田的，折算扣减基肥中化肥的施用量。

5.3.5 覆盖畦面

宜用覆盖栽培，可根据条件选用地膜覆盖、秸秆覆盖、地膜加秸秆覆盖等方式。

6 播种

6.1 播种时期

海拔 600 米以下的，春季棚栽直播时期宜在 1 月下旬，春保护地栽培直播时期宜在 2 月中下旬，露地直播时期宜在 3 月下旬至 7 月下旬；海拔 600 米以上的，直播时期宜在 4 月下旬至 6 月上旬。

6.2 播种密度

穴播，每畦 2 行，每行距离沟边 12 厘米以上，保持小行距 45 厘米以上。穴距 50~60 厘米，每穴播 3~4 粒种子，播后盖土 1~2 厘米。若土壤干燥，播种前 1 天浇足底水。每 667 平方米用种量 1.0~1.5 千克。

7 田间管理

7.1 查苗、补苗、间苗

出苗后 7~10 天查苗、补苗，同时做好间苗工作，每穴宜选留 2~3 株健壮苗。

7.2 搭架

甩蔓前选用长 2.2~2.5 米竹棒搭好倒"人"字架或"人"字架。搭架后按逆时针方向引蔓上架。

7.3 植株调控

植株长满架时应打顶控势，长势过旺的应适当疏叶。

7.4 肥水管理

7.4.1 肥料管理

追肥可选用以下方式。

（1）常规追肥

结合浇水，苗期和抽蔓期各追肥 1 次，每 667 平方米每次追肥量为 45% 的低磷高钾三元复合肥 8~12 千克；采收盛期每隔 7~10 天追肥 1 次，每 667 平方米每次追肥量为 45% 的低磷高钾三元复合肥 12~15 千克；盛收期可用0.2%的磷酸二氢钾水溶液进行叶面追肥。

（2）水肥一体化技术追肥

苗期和抽蔓期各追肥1次，每667平方米每次追肥量为低磷高钾型水溶性复合肥5~8千克。采收盛期每隔10~15天追肥1次，每667平方米每次追肥量为低磷高钾型水溶性复合肥8~12千克，每次用水量为10立方米。采收后期，根据植株长势及肥水酌情减少施肥或不施肥。

（3）精准定位追肥

倡导应用现代先进科技，选择定位追肥类型、养分比例、施肥用量、施肥位置、施肥时间和施肥方法，提高农产品的品质和产量。

7.4.2　水分管理

苗期控制水分，开花前控制浇水，开花结荚后加大水分供应，保持土壤湿而不干为宜。

8　病虫防治

8.1　农业防治

8.1.1　清洁田园

及时清除田间落花、落荚、病枝、病叶、病荚，防止田间积水。

8.1.2　合理轮作

提倡与水稻、茭白水旱轮作，与玉米等非豆科作物轮作，轮作间隔时间1~3年。提倡冬季种植绿肥。

8.2　物理防治

田间间隔悬挂黄板诱杀蚜虫、斑潜蝇、飞虱成虫，蓝板诱杀蓟马，每667平方米使用30~50片（规格25厘米×30厘米），黄板安置高度稍高于植株高度，蓝板安置高度稍低于植株高度。田间悬挂杀虫灯诱杀害虫，每（15~30）×667平方米安置1盏杀虫灯（规格220伏，15瓦），离地高度1.2~1.5米。

8.3　生物防治

保护和利用瓢虫、草蛉、食蚜蝇、蜘蛛等捕食性天敌和赤眼蜂、丽蚜小蜂等寄生性天敌。在豆荚螟、斜纹夜蛾等害虫高发期，悬挂性诱捕器诱杀，每667平方米悬挂对应的性诱捕器4~8个，离地高度1.4~1.6米。优先使用生物药剂防治主要病虫，达到农药减施。主要病虫生物防治可选药剂见表1。

表1　菜豆主要病虫生物防治可选药剂

防治对象	可选药剂
根腐病	宁南霉素、中生菌素
炭疽病、灰霉病	多抗霉素、农抗120
细菌性疫病	春雷霉素、中生菌素
豆荚螟	苏云金杆菌、白僵菌
蓟马、蚜虫	多杀霉素、苦参碱
小菜蛾	多杀霉素、苏云金杆菌
叶螨	印楝素

8.4　化学防治

应用低量喷雾、静电喷雾等农药减施技术。化学防治中农药使用应符合 GB/T 8321、NY/T 1276 的要求，菜豆绿色栽培中不应使用农药名录见附录 A。

9　采收及清园

9.1　采收

嫩荚由细转粗，外表显光泽，种子略为鼓起或尚未鼓起时即为采收适期。采收时，应按住豆荚基部，轻轻向左右转动，然后摘下。采收盛期每天采收 1 次，以后可隔 1~3 天采收。果实质量的感官、污染物及农药残留限量指标应符合 NY/T 748 的要求。

9.2　清园

采收结束，清理菜豆秸秆后全量还田，并做好地膜等农业废弃物的回收及其他清园工作。

10　建档及溯源

建立菜豆生产技术档案，详细记录产地环境、生产技术、生产资料使用、病虫害防治和采收等各环节所采取的具体措施，并保存 3 年以上。溯源管理应符合 DB 3311/T 103 的要求。

附录 A

（资料性附录）

菜豆绿色栽培中不应使用的农药

菜豆绿色栽培中不应使用的农药见表 A.1。

表 A.1　菜豆绿色栽培中不应使用农药名录

农药种类	农药名称	不应使用原因
杀虫剂	氟化钙、氟化钠、氟乙酸钠、氟乙酰胺、氟铝酸钠、DDT、六六六、林丹、五氯酚钠、硫丹、硫双威、二溴乙烷、溴甲烷、氯化苦、乐果、氧化乐果、甲拌磷、乙拌磷、久效磷、杀扑磷、水胺硫磷、内吸磷、磷胺、甲基异柳磷、甲胺磷、丙溴磷、三唑磷、乙酰甲胺磷、灭线磷、硫环磷、地虫硫磷、三唑锡、倍硫磷、磷化钙、磷化镁、磷化锌、硫线磷、特丁硫磷、蝇毒磷、治螟磷、甲基对硫磷、对硫磷、苯线磷、甲基硫环磷、伏杀硫磷、哒嗪硫磷、喹硫磷、氯唑磷、丁氟螨酯、克百威、丁（丙）硫克百威、涕灭威、杀虫单、杀虫脒、杀虫环、双甲脒、毒死蜱、氟虫腈、氟虫胺、氟苯虫酰胺、毒杀芬、二溴氯丙烷、丙环唑、敌枯双、乙虫脒、速灭威、艾氏剂、汞制剂、砷类、铅类、所有拟除虫菊酯类	剧毒、高毒、高残留、致癌、致畸、易药害、对生态环境影响大等
杀螨剂	三氯杀螨醇	
杀菌剂	三苯基氯化锡、三苯基醋酸锡、毒菌锡、氯化锡、五氯硝基苯、五氯苯甲醇、苯菌灵、乙酸铜、丙森锌、亚胺唑、溴硝醇、敌瘟磷、联苯三唑醇、农用链霉素、农用硫酸链霉素、新植霉素	
除草剂	2,4-滴丁酯、草枯醚、百草枯、氯磺隆、甲磺隆、二氯喹啉酸、嗪草酮、胺苯磺隆、除草醚、莠去津、氰草津、野燕枯、丁噻隆、氟硫草定、毒草胺、氟乐灵、莎稗磷、哌草丹、利谷隆、苯噻酰草胺、莠灭净、仲丁灵、西玛津、丙炔噁草酮、扑草净、草甘膦	
其他类	甘氟、毒鼠强、毒鼠硅、杀鼠醚、杀鼠灵、敌鼠钠、溴鼠灵、八氯二丙醚	

附录 2　菜豆化肥农药减施栽培技术规程（DB331102/T 006—2020）

1　范围

本文件规定了菜豆化肥农药减施栽培技术的术语和定义、产地选择、播前准备、播种、田间管理、病虫防治、采收、清园。

本文件适用于丽水市莲都区的菜豆化肥农药减施栽培。

2　规范性引用文件

下列文件对于本文件的应用是必不可少的。凡是注日期的引用文件，仅所注日期的版本适用于本文件。凡是不注日期的引用文件，其最新版本（包括所有的修改单）适用于本文件。

GB 3095　环境空气质量标准

GB 5084　农田灌溉水质标准

GB/T 8321（所有部分）　农药合理使用准则

GB 15618　土壤环境质量标准　农用地土壤污染风险管控标准（试行）

GB/T 17419　含有机质叶面肥料

GB/T 17420　微量元素叶面肥料

GB/T 23348　缓释肥料

NY/T 496　肥料合理使用准则　通则

NY 525　有机肥料

NY/T 798　复合微生物肥料

NY 884　生物有机肥

NY/T 1118　测土配方施肥技术规范

NY/T 1276　农药安全使用规范　总则

NY 2619　瓜菜作物种子　豆类（菜豆、长豇豆、豌豆）

3　术语和定义

下列术语和定义适用于本文件。

3.1　化肥减施

利用商品有机肥、农家肥、沼渣、沼液、生物菌肥、氨基酸肥、腐植酸肥等替代补充，结合测土配方施肥、水肥一体化等措施，减少化学肥料施用。

3.2 农药减施

·利用生物农药、动植物源农药等，结合农业防治、物理防治、生物防治等措施，减少化学农药施用。

3.3 缓释肥料

通过养分的化学复合或物理作用，使其对作物的有效态养分随着时间而缓慢释放的化学肥料。

（来源：GB/T 23348—2009，3.1）

4 产地选择

宜选择与非豆科作物轮作 2 年以上，排灌方便、地下水位较低，土层深厚疏松、肥沃的壤土或砂壤土。土壤环境、环境空气、农田灌溉水质应分别符合 GB 15618、GB 3095、GB 5084 的规定。

5 播前准备

5.1 品种选择

宜选用优质、高产、耐热、抗病的品种，如丽芸 2 号、浙芸 5 号、浙芸 9 号等。种子质量应符合 NY 2619 的要求。

5.2 种子处理

5.2.1 晒种

宜在播前选择晴天晾晒种子 1~2 天。

5.2.2 热水烫种

用种子重量 5 倍的 70 摄氏度热水烫种 1~2 分钟。

5.2.3 药剂拌种

烫种后用种子重量 0.1% 的 99% 噁霉灵可湿性粉剂，或种子重量 0.6%~0.8% 的 25 克/升咯菌腈悬浮液拌种。预防细菌性疫病，宜用种子重量 0.3% 的 50% 福美双可湿性粉剂拌种。

5.2.4 固氮菌拌种

无药剂拌种的，宜用"植物动力 2003""肥力高"等固氮菌拌种。

5.3 秸秆还田

上茬作物收获后秸秆还田。亩（1 亩≈667 平方米，下同）还田量水稻秸秆宜为 500~700 千克，玉米鲜秸秆宜为 1 000~2 000 千克。按 1 亩还田稻草 550 千克计算，相当于施氮 4.6 千克、磷 1 千克、钾 10.5 千克。按 1 亩还田玉米秸秆 1 250 千克计算，相当于施氮 3.2 千克、磷 1.6 千克、钾 4.6 千克。

5.4 园地整理

5.4.1 土壤翻耕

用机械深翻耕作层，深翻深度以 25~40 厘米为宜。

5.4.2 土壤处理

5.4.2.1 土壤消毒

结合翻耕在播种前 5 天以上消毒土壤，亩选用 99% 噁霉灵可湿性粉剂 0.2 千克和 45% 敌磺钠可湿性粉剂 2 千克兑水 1 000 千克，或选用 99% 噁霉灵可湿性粉剂 0.125 千克和 25% 咪鲜胺乳油 1 250 毫升兑水 1 000 千克，混匀后用喷水壶均匀喷洒土壤。还可在播种前 20 天以上，选用棉隆、石灰氮（氰氨化钙）、含氯消毒剂等消毒土壤。

5.4.2.2 土壤酸碱度调节

土壤 pH 值≤4.5，结合翻耕施用生石灰，亩施生石灰 50~100 千克。

5.4.3 做高畦

整地后做高畦，畦高 25 厘米，畦宽 0.7~0.9 米，沟宽 30 厘米，主沟深 30 厘米，次沟深 25 厘米。

5.4.4 施基肥

种植行开沟施基肥，亩施商品有机肥 300~600 千克或腐熟优质农家肥料 2 000~3 000 千克、黄腐酸钾 20 千克、生物有机肥或复合微生物肥 50 千克，加 45% 的缓释肥料 20~25 千克。秸秆还田的，折算扣减基肥中化肥的施用量。有机肥应符合 NY 525 的要求，生物有机肥、复合微生物肥料，应分别符合 NY 884、NY/T 798 的要求，缓释肥料应符合 GB/T 23348 的要求。

5.4.5 畦面覆盖

覆盖栽培方式主要有地膜覆盖、秸秆覆盖、地膜加秸秆覆盖 3 种，可根据条件灵活选用。

6 播种

6.1 播种时期

春设施栽培直播时期宜在 1 月下旬。春保护地栽培直播时期宜在 2 月中下旬。露地直播时期宜在 3 月下旬至 7 月下旬。海拔 600 米以上的山区直播时期宜在 4 月下旬至 6 月上旬。

6.2　播种密度

穴播，每畦 2 行，每行距离沟边 12 厘米以上，保持小行距 45 厘米以上。穴距 50~60 厘米，每穴 3~4 粒种子，播后盖土 1~2 厘米，若土壤干燥，播种前 1 天浇足底水。亩用种量 1.0~1.5 千克。

7　田间管理

7.1　查苗、补苗、间苗

播种后 7~10 天查苗、补苗，同时做好间苗工作，每穴宜选留 2 株健壮苗。

7.2　搭架

"甩蔓"前选用长约 2.5 米竹棒及时搭好倒"人"字架。搭架后及时按逆时针方向引蔓上架。

7.3　环境调控

植株长满架时应打顶控势。长势过旺的应适当疏叶。及时清除老叶、病叶，并集中进行无害化处理，保持田间清洁。设施栽培的，采取放风和辅助加温等措施，调节温度和湿度。

7.4　肥水管理

7.4.1　化肥减施

7.4.1.1　测土配方施肥

以每生产菜豆 1 000 千克，需氮 3.4 千克、磷 2.3 千克、钾 5.9 千克计算。依照 NY/T 1118 的要求，测试确定土壤提供的养分，综合土壤养分校正系数及肥料养分利用率，确定化肥减施的数量、时期、方法。

7.4.1.2　根外追肥

幼苗期、伸蔓期叶面喷洒 0.2% KH_2PO_4 或 0.5%尿素水溶液 2~3 次。叶面肥料质量应符合 GB/T 17419 或 GB/T 17420 的要求。

7.4.1.3　水肥一体化技术追肥

始收后，亩施57%高钾型水溶性复合肥 5~8 千克；采收盛期，亩施 8~12 千克。每隔 10~15 天施肥 1 次，每次灌水量为 10 立方米。采收后期，根据植株长势及肥水酌情减少施肥，或不施肥。

7.4.2　水分管理

总体保持土壤湿而不干为宜。苗期严格控制水分，开花前适当控制浇水，开花结荚后加大水分供应。

8　病虫防治

8.1　施药方法

应用低量喷雾、静电喷雾等先进技术施药。农药使用应遵守 GB/T 8321、NY/T 1276、NY/T 5081 的要求，菜豆农药减施中禁止或不建议使用农药名录见附录 A。

8.2　农药减施

8.2.1　生物防治

8.2.1.1　保护和利用天敌

保护和利用瓢虫、草蛉、食蚜蝇、蜘蛛等捕食性天敌和赤眼蜂、丽蚜小蜂等寄生性天敌。

8.2.1.2　优先使用生物农药防治

根腐病宜选用宁南霉素、中生菌素防治。炭疽病、灰霉病宜选用多抗霉素、农抗 120 防治。细菌性疫病宜选用春雷霉素、中生菌素防控和治疗。豆荚螟宜选用苏云金杆菌、白僵菌（老熟幼虫入土前使用）防控。蓟马、蚜虫宜选用多杀霉素、苦参碱防治。小菜蛾宜选用多杀霉素、苏云金杆菌防治。叶螨选用印楝素防治。

8.2.1.3　性诱捕器诱杀

豆荚螟、斜纹夜蛾等害虫高发期，亩悬挂对应的性诱捕器 4~8 个，离地高度 1.5 米。

8.2.2　物理防治

8.2.2.1　色板诱杀

田间间隔悬挂黄板诱杀蚜虫、斑潜蝇、飞虱成虫，蓝板诱杀蓟马。每亩使用 30~50 片（规格 25 厘米×30 厘米）。黄板安置于植株上方 0~15 厘米处，蓝板安置于植株下方 0~15 厘米处。

8.2.2.2　杀虫灯诱杀

每 15~30 亩安置 1 盏杀虫灯（规格 220 伏，15 瓦），离地高度 1.2~1.5 米。

9　采收

嫩荚由细转粗，外表显光泽，种子略为鼓起或尚未鼓起时即为采收适期。采收时，应按住豆荚基部，轻轻向左右转动，然后摘下。盛荚期每天采收 1 次，后期可隔天采收。

10　清园

采收结束后，菜豆秸秆全量还田，并做好其他清园工作。

附录 A

（资料性附录）

菜豆农药减施中禁止或不建议使用的农药

菜豆农药减施中禁止或不建议使用的农药见表 A.1。

表 A.1　菜豆农药减施中禁止或不建议使用农药名录

农药种类	农药名称	禁用或不建议使用原因
杀虫剂	氟化钙、氟化钠、氟乙酸钠、氟乙酰胺、氟铝酸钠、DDT、六六六、林丹、五氯酚钠、硫丹、硫双威、二溴乙烷、溴甲烷、氯化苦、乐果、氧化乐果、甲拌磷、乙拌磷、久效磷、杀扑磷、水胺硫磷、内吸磷、磷胺、甲基异柳磷、甲胺磷、丙溴磷、乙酰甲胺磷、灭线磷、硫环磷、地虫硫磷、三唑锡、倍硫磷、磷化钙、磷化镁、磷化锌、硫线磷、特丁硫磷、蝇毒磷、治螟磷、甲基对硫磷、对硫磷、苯线磷、甲基硫环磷、伏杀硫磷、哒嗪硫磷、喹硫磷、氯唑磷、丁氟螨酯、克百威、丁（丙）硫克百威、涕灭威、杀虫单、杀虫脒、杀虫环、双甲脒、毒死蜱、氟虫腈、氟虫胺、氟苯虫酰胺、毒杀芬、二溴氯丙烷、丙环唑、敌枯双、乙虫腈、速灭威、艾氏剂、汞制剂、砷类、铅类、所有拟除虫菊酯类	剧毒、高毒、高残留、致癌、致畸、易药害、对生态环境影响大等
杀螨剂	三氯杀螨醇	
杀菌剂	三苯基氯化锡、三苯基醋酸锡、毒菌锡、氯化锡、五氯硝基苯、五氯苯甲醇、苯菌灵、乙酸铜、丙森锌、亚胺唑、溴硝醇、敌瘟磷、联苯三唑醇、农用链霉素、农用硫酸链霉素、新植霉素	
除草剂	2,4-滴丁酯、草枯醚、百草枯、氯磺隆、甲磺隆、二氯喹啉酸、嗪草酮、胺苯磺隆、除草醚、莠去津、氰草津、野燕枯、丁噻隆、氟硫草定、毒草胺、氟乐灵、莎稗磷、哌草丹、利谷隆、苯噻酰草胺、莠灭净、仲丁灵、西玛津、丙炔噁草酮、扑草净、草甘膦	
其他类	甘氟、毒鼠强、毒鼠硅、杀鼠醚、杀鼠灵、敌鼠钠、溴鼠灵、八氯二丙醚	

土壤氰氨化钙处理后调查

CC_4作物除盐试验

C_4作物除盐现场会

菜豆绿色栽培技术培训

菜豆杂交育种

菜豆—玉米—芥菜轮作中玉米长势

菜豆绿色栽培技术应用示范基地

成果获奖证书

成果专利证书